复古风格

淑女风格

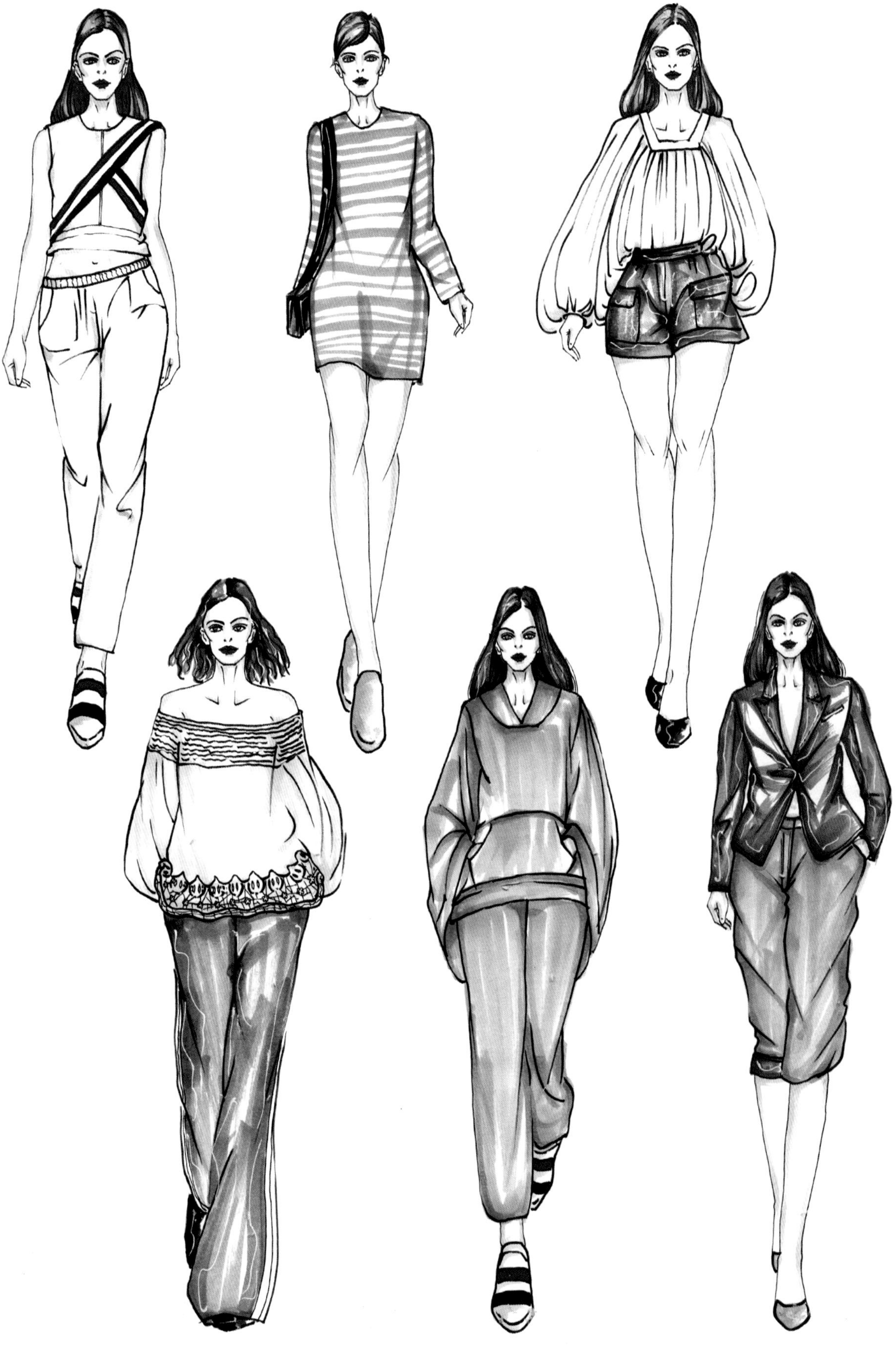

时装画手绘表现技法

马克笔从入门到精通

尹磊 编著

人民邮电出版社

北京

图书在版编目（CIP）数据

时装画手绘表现技法：马克笔从入门到精通 / 尹磊
编著. -- 北京：人民邮电出版社，2020.5
ISBN 978-7-115-52937-4

Ⅰ．①时… Ⅱ．①尹… Ⅲ．①时装—绘画技法 Ⅳ.
①TS941.28

中国版本图书馆CIP数据核字(2019)第278784号

内 容 提 要

这是一本帮助手绘初学者有效掌握时装画表现技法中提高人物造型表现能力的教学用书。全书采用"基础+示范+实例"的编排方法，通过学习本书，读者可以掌握时装画手绘的基本技法，以及进行商业插画创作的能力。

本书分为三篇，第1篇为时装画入门基础篇，包含第1～3章的内容，该篇介绍了时装画手绘的入门基础知识、时装画的表现形式和要求、时装画中人体的结构比例与基本动态表现，以及人物身体局部的表现方法；第2篇为时装画效果图绘制提高篇，包含第4～6章的内容，该篇介绍了时装画中从局部造型到面料质感的表现、女装/男装款式的手绘表现技法；第3篇为时装画效果图实战篇，包含第7章的内容，通过讲解各季节的服装效果图来告诉我们色彩的正确使用方法。

本书选用了大量的图例和作品赏析，语言表述清晰、内容实用，每个示范的图例都取材于时尚服装中的实际款式，每个知识点都配有图例分析，以便于初学者更好地掌握绘画技法，让广大读者在学习时装画手绘的同时，还能了解新潮的时装款式。本书不仅可以作为广大服装手绘初学者和爱好者的学习教材，也可以作为服装院校相关专业人员的参考书籍。

♦ 编　著　尹　磊
　　责任编辑　王　铁
　　责任印制　陈　犇

♦ 人民邮电出版社出版发行　　北京市丰台区成寿寺路 11 号
　邮编　100164　电子邮件　315@ptpress.com.cn
　网址　http://www.ptpress.com.cn
　雅迪云印（天津）科技有限公司印刷

♦ 开本：787×1092　1/16　　　彩插：4
　印张：10.25　　　　　　　　2020 年 5 月第 1 版
　字数：275 千字　　　　　　 2020 年 5 月天津第 1 次印刷

定价：59.80 元

读者服务热线：(010)81055296　印装质量热线：(010)81055316
反盗版热线：(010)81055315
广告经营许可证：京东工商广登字 20170147 号

随着时代的发展与艺术设计的进步，手绘效果图越来越受到广大设计人员的青睐，而马克笔手绘表现是最直接、最快速的表现方法。在时装效果图设计中，手绘表现是相关专业人员和相关从业者必备的基本技能之一，手绘在现代设计中有着不可替代的作用和意义。

本书的编写目的

时装是一个很有发展前景的行业，很多读者向往成为一名专业的时装插画师和设计师，绘制时装效果图就是时装设计师和插画师的必学课程。

本书属于时装设计的入门教程，在经过一系列的学习之后，读者可以全面系统地了解时装行业，学习更系统、更全面的时装知识，并对相关知识加以拓展。本书以服装设计为目的，从初学者的角度出发，通过马克笔的不同笔触、配色等对绘制时装效果图进行综合讲解，力求全方位、多角度地展示马克笔时装效果图的表现技法。

不仅如此，本书还有一大目的，就是使广大读者了解马克笔手绘效果图的表现技法和表现步骤，能够学习如何把设计思维转化为表现手段，灵活地、系统地、形象地进行手绘表达。

本书定位

（1）各高校时装设计专业的马克笔手绘教材。
（2）各大培训机构的马克笔时装手绘教材。
（3）美术业余爱好者、马克笔手绘爱好者的自学教程。
（4）时装公司、时装工作室以及相关从业者的参考用书。

本书优势

（1）全面的知识讲解

本书内容全面，案例丰富多彩，直击时装画手绘技法的核心和精髓。时装画手绘是一门入门易、精通难的课程，没有长时间的练习和对服装与人体关系的理解，是画不出有深度、有技术含量的优秀作品的。本书围绕如何有效学习时装设计手绘效果图，由浅入深，从了解时装画、基本的绘画技法表现、绘画工具的认识、人体结构及动态表现到时装画着装人体的步骤分解、马克笔技法的综合表现等，提供了严谨的技法理论知识和高效的绘画技巧。

（2）丰富的案例实战教学

本书打破同类书籍的常规内容形式，更加注重实例的练习。全书包括女装多种时尚款式、男装时尚款式、服装色彩配色、季节着装，局部五官、手臂、手、腿部、足部、发型，面料质感表现、装饰物质感表现、局部服装造型表现，人体比例、人体重心、人体模特等多种实战练习。本书作者根据自身绘画经验，同时结合丰富的时装画手绘经验，对时装画手绘进行了深入分析，并用大量的范例进行详细说明，为初学者提供正确的绘画知识，从而使读者轻松掌握时装画绘画的方法和技巧。

（3）多样的技法表现

本书中的时装手绘，表现技法全面，采用了马克笔的单色处理技法、叠色处理技法、勾线处理技法等多种表现方法。

（4）超值的学习套餐

本书的讲解搭配精美的版式，是时装马克笔手绘图书的较优选择。

本书作者

本书由西安工程大学服装与艺术设计学院尹磊编著，具体参与编写和资料整理的人员有：陈志民、李红萍、陈云香、陈文香、陈军云、彭斌全、林小群、钟睦、张小雪、罗超、李雨旦、孙志丹、何辉、彭蔓、梅文、毛琼健、刘里锋、朱海涛、李红术、马梅桂、胡丹、何荣、张静玲、舒琳博等。由于作者水平有限，书中不足、疏漏之处在所难免。在感谢您选择本书的同时，也希望得到您对本书的意见和建议。

作者邮箱：lushanbook@qq.com
读者 QQ 群：327209040

作者
2020 年 1 月

目 录 Contents

第 2 章 掌握人体比例结构与基本动态

第 3 章 人物身体局部的 7 种表现

第2篇 时装画效果图绘制提高篇

第 4 章 服装面料与饰品的表现

第 5 章 女装款式的手绘表现

第 6 章 男装款式的手绘表现

第3篇 时装画效果图实战篇

第 7 章 手绘四季服装效果图——色彩的运用

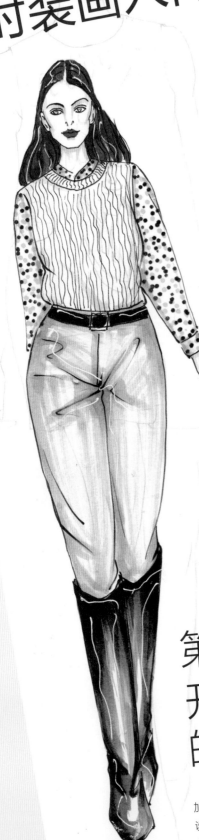

第1章
开始绘制前你应该掌握
的基础知识

学习时装画，是为了更好地表达出对服装的个人见解，以及将头脑中闪过的设计元素加入到服装设计中，从而对服装有更深层的把握和分析。学习如何绘制时装画，有利于服装设计爱好者更全面地了解服装知识，更好地培养服装设计和绘制技能。

1.1 了解并认识时装画

时装画表现的主体是时装，脱离这一点，便难以称为时装画。时装画的内容是表现人体着装的一种氛围和效果，如图 1-1 所示。

△ 图1-1

△ 图1-1（续）

1.1.1 什么是时装画

时装画又称为服装画，以图案或图形的表现方式，使用绘画的形式与技法将服装展现在众人面前，通过丰富的艺术处理方法来实现服装的造型表现，并表达出一种艺术气氛的形式。时装画具有多元性、多重性。从艺术角度看，它强调绘画的艺术感与较高的审美价值；从设计角度看，时装画只是表达设计意图的手段，如图 1-2 所示。

时装画是设计师将服装样式在脑海中从浮现到消化后，构想出来的第一阶段的表现。服装设计师将所要展示或要推出的服饰，用他们个人的画风把对线条、色彩和光线的感受表达出来。

△图 1-2

1.1.2 时装画的表现形式

以服装设计效果图的方式，表达设计师的设计意图和构思，从而准确表达出服装各比例结构以及服装面料的质感效果。

时装画按绘画表现性可分为"表现性时装画"与"创造性时装画"。"表现性时装画"是绘制已经设计好的服装，一般为临摹照片，在照片的基础上添加个人的绘画风格和表现技法来进行一些夸张变化；"创造性时装画"是绘制自己脑海中想象的、自己设计的服装。

时装画又根据创作的目的性分为四类：一是服装结构图，需结合服装的款式特点以及工艺流程表达出来，如图 1-3 所示；二是时装线稿图，用于表现设计的意识氛围，如图 1-4 所示；三是时装效果图，将灵感通过平面要素表达出准确的着装图，如图 1-5 所示；四是时装插画，主要以欣赏和宣传为目的，如图 1-6 所示。

△图 1-3

△ 图 1-4

△ 图 1-5

△ 图 1-6

1.1.3　时装画的表现要求

　　时装画通过服装款式、内部结构线、装饰线、服装面料质地、图案等特点表现出来。时装画又是一种综合性的艺术，还应该运用开放性的思维和立体化的思维，使时装画表现和产生出最广阔的、多种多样的可能性，如图 1-7 所示。

△ 图 1-7

△ 图 1-7（续）

1.1.4　时装画的风格及其代表作品

时装画可以分为六种风格，每种风格都有各自的表达特点，并代表着作者的想法和理念。

1. 个人风格

时装画创作者在长期的练习和实践中，绘画风格逐渐成熟，并能够深入领会其中的奥秘，进而发挥自己的创造性，形成个人特色的表现形式，Coco Pit、Danny Roberts 和 David Downton 是个人风格插画师的代表。

Coco Pit 是一位出色的插画师，也是综合时尚网站的创始人。他喜欢将很多技巧融合在一起，但其作品呈现的效果却是保守和内敛的，如图 1-8 所示。

△ 图 1-8

Danny Roberts 的时尚插画有着天马行空的主题和构图，无论源于时尚的哪一面，Danny Roberts 自由无拘的画风和饱满的色彩使每一幅作品都让人眼前一亮，如图 1-9 所示。

△ 图 1-9

在插画师 David Downton 的作品中，女性的柔美就好比画中的线条，有些若隐若现，却又印象深刻，如图 1-10 所示。

▷ 图 1-10

2. 写实风格

多以实物或者实际照片为蓝本，详细刻画人物造型以及服饰品的表现。线条细致丰富，画面真实感强，充满理想主义的完美，Kelly Smith 和 Sandra Suy 是写实风格插画师的代表。

Kelly Smith 将铅笔与水彩结合，色彩明亮跳跃但不突兀，细腻的铅笔线条画出时尚女郎，并点缀上淡雅飘逸的水彩，再加上独有的浪漫元素，勾勒出一个唯美浪漫的时尚世界，如图 1-11 所示。

▷ 图 1-11

Sandra Suy 喜爱绘画，特别擅长画美女和服装，拥有很细腻的绘画表现技法，如图 1-12 所示。

▷图 1-12

3. 装饰风格

主要采用渲染和平涂的表现手法，使作品达到一种夸张的效果。Laura Laine、Linn Olofadotter 和 Manuel Rebollo 是装饰风格插画师的代表。

Laura Laine 擅长铅笔画和墨水画，用独有的纯粹黑与画纸本身的纯白，来完成自己对于形态和线条细节的创作，如图 1-13 所示。

▷图 1-13

Linn Olofadotter 擅长拼接画面，常常采用半绘画与半图片的形式来处理画面的色彩感，如图 1-14 所示。

▷图 1-14

Manuel Rebollo，西班牙平面
设计师与插画师。他的画面集合了手
绘线条、水彩墨迹、涂鸦和大面积的
空白，如图 1-15 所示。

▷ 图 1-15

4. 草图风格

　　时装设计草图并不追求画面视觉的完整性，而是抓住时装的特征进行描绘。通常采用简化手法，提炼出主干、重
要的线条，完成对服装的描述，草图风格最典型的特点是生动，Christian Dior 是草图风格插画师的代表。

　　Christian Dior 是一位时装设计师，草图设计是将灵感转为服装的过程，画面具有艺术性和美感，如图 1-16 所示。

△ 图1-16

5. 卡通风格

通过冷峻、可爱等不同的表现形式，在线条、上色、造型方面表达创作者的个人情感和爱好。Marguerite Sauvage 和 Kelly Thompson 是卡通风格插画师的代表。

Marguerite Sauvage 是一位来自法国巴黎的时尚插画师。她的作品大胆张扬，既时尚又奇幻，她频繁使用花朵、云雾和动物元素来增添缥缈梦幻的效果，令笔下的时髦女郎神秘迷人，如图 1-17 所示。

▷ 图 1-17

来自新西兰的时尚摄影插画师 Kelly Thompson 特别擅长绘画女性主题。她创作的女性形象看起来时髦、野性，有些轻佻，如图 1-18 所示。

△ 图 1-18

6. 荒诞风格

多以变形的手法突出个性，不惜放弃对着装人体的合理描述，追求怪异、突破常规的视觉画面，来营造一种新异的氛围。Naja Conrad 是荒诞风格插画师的代表。

插画师 Naja Conrad 擅长时装与自然的完美结合，如图 1-19 所示。

▷ 图 1-19

1.2 绘制时装画的工具

在时装画的绘制过程中，要使用的工具很多，一般来说，几款常用工具就能满足基本的绘画要求。

1.2.1 绘图纸

绘画纸张的选择，取决于绘画工具。美术用纸分为素描纸、马克笔专用纸和水粉纸 3 类。

素描纸，如图 1-20 所示，中等的厚度，介于打印纸和牛皮纸之间，使用较粗糙的一面来绘画，适用于铅笔和炭笔绘画。

▷ 图 1-20

马克笔专用纸，如图 1-21 所示，吸水性和厚度会好一些，纸张质地好，便于携带，适合使用马克笔进行绘画。

▷ 图 1-21

水粉纸，如图 1-22 所示，质地很好，有韧性，纹路自然，水分过多也不会起皱，适合画彩稿。

▷ 图 1-22

1.2.2 铅笔

铅笔一般用于起稿，H~8H 都是硬性铅笔，一般选用自动铅笔和 2B~8B 的软性铅笔起稿，如图 1-23 所示。

▷ 图 1-23

1.2.3 橡皮

一般选择比较软的橡皮，能够比较好地擦除铅笔线条留下的痕迹，如图 1-24 所示。

▷ 图 1-24

1.2.4 马克笔

马克笔一般分为油性和水性两种。
油性马克笔具有较强的渗透力，色彩柔和，笔触优雅自然，多次叠加颜色也不会损伤纸张，如图 1-25 所示。油性马克笔的使用较为普遍。

△ 图 1-25

水性马克笔的颜色亮丽，具有水彩的透明感，且笔触界限明晰，但是颜色经多次叠加后会出现明显的灰色，而且容易损坏纸张，如图 1-26 所示。

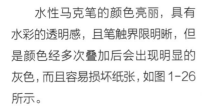

▷ 图 1-26

1.2.5 水彩

水彩分为湿水彩颜料片、干水彩颜料片、管装膏状水彩颜料和瓶装液体水彩颜料。一般来说，干水彩颜料片最便宜，多为纽扣状，需要用笔用力涂抹才可以蘸取颜料。湿水彩颜料片和灌装水彩颜料是平时较常用的颜料，多为职业画家使用。瓶装液体水彩颜料为透明玻璃瓶装，多为插画家使用。

1. 樱花固体水彩颜料

樱花固体水彩耐用，颜色比较透明，适合初学者学习使用，如图1-27所示。

▷ 图 1-27

2. 马利牌颜料

马利牌水彩颜色亮丽，便于保管，也比较适合初学者学习使用，如图 1-28 所示。

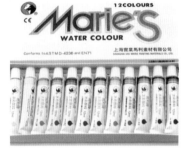

▷ 图 1-28

3. 温莎牛顿牌颜料

温莎牛顿牌颜料，颜色偏淡，灰度一般，透明度一般，如图 1-29 所示。

▷ 图 1-29

4. 丙烯颜料

丙烯颜料可用水稀释，有便于清洗、速干等特点，如图 1-30 所示。

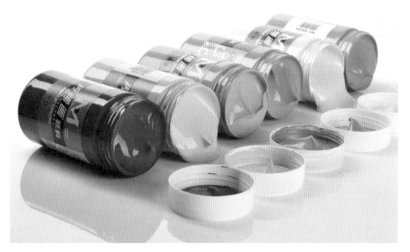

▷ 图 1-30

1.2.6 彩铅

彩铅分为水溶性和油性两种。水溶性彩铅比较常用，它具有溶于水的特性，与水混合具有浸润感，也可以用手纸擦出柔和的效果。非水溶性笔芯硬，不易擦。

1. 水溶性彩铅

使用水溶性彩铅画好画面后，用水和毛笔着色后可产生富于变化的色彩效果，颜色可混合使用，产生像水彩一样的效果，如图 1-31 所示。

▷图 1-31

2. 油性彩铅

油性彩铅不太容易附在纸上；颜色易掉且会越来越浅，有光泽，但不如水溶性彩铅上色深，如图 1-32 所示。

▷图 1-32

1.2.7 软毛笔

软毛笔也逐渐成为传统绘画工具，在时装画中主要用于外轮廓的勾线以及头发的处理，如图 1-33 所示。

△图 1-33

1.2.8　勾线笔

用于绘画创作,尤其是工笔绘画,主要用于对作品进行勾勒。勾线笔绘出的线条较细,笔头也有粗细之分,如图1-34所示。

◁ 图1-34

1.2.9　高光笔

高光笔主要用于提高画面局部的亮度。高光笔的覆盖力很强,适度在亮部添加高光能使画面更具立体感,如图1-35所示。

△ 图1-35

1.3 掌握马克笔手绘基本技法

学习马克笔的技法主要是掌握马克笔的使用方法，马克笔的笔触对于绘画表现很重要，只有掌握好马克笔的笔触才能随机应变地表现出任何风格的作品。

1.3.1 单色处理

单色处理，顾名思义就是用一种颜色进行上色，用马克笔的宽头或尖头来绘制不同部位的线条。

1. 平涂法

平涂法是常用的时装画技法之一。它采用每块颜色均匀平涂的方法，利用色块之间的关系（明度关系、色相关系、纯度关系）产生一种整齐的画面感，如图 1-36 所示。

▷图 1-36

2. 垂直涂法

在同一方向垂直下笔平涂绘画，如图 1-37 所示。

3. 虚实变化涂法

利用马克笔的宽头来绘画，通过笔触的变化来表现虚实变化，如图 1-38 所示。

4. 单色渐变涂法

先平铺一层颜色，再利用同一颜色进行上半部分的上色，形成一种渐变的样子，叫作单色渐变涂法，如图 1-39 所示。

△ 图 1-37

△ 图 1-38

△ 图 1-39

1.3.2　多色处理

1. 多色渐变

　　多色渐变可分为两种，一种是同色号的渐变，即先平铺一层底色，再用同一色号的颜色从上而下由深入浅地绘制第二层颜色，如图 1-40 所示；另一种是多色渐变，用两种或以上的颜色进行绘制，如图 1-41 所示。

△ 图 1-40

△ 图 1-41

2. 重叠法

　　重叠法也分为两种，一种是双色重叠法，利用两种颜色并使用不同的笔触来绘制画面，如图 1-42 所示；另一种是多色重叠法，即利用三种及三种以上的颜色进行绘制，如图 1-43 所示。

△ 图 1-42

△ 图 1-43

1.3.3　勾线处理

　　用马克笔的尖头部分绘制线条。为了表达画面的构思，通过点、线、面的随意变化，来达到想要的画面，如图 1-44 所示。

▷ 图 1-44

1.4 图案纹理

马克笔在表现图案纹理上有一定优势，其笔尖较硬，在绘制图案时能更准确地把握形状和廓形。

1.4.1 花朵纹理图案及上色处理

花朵纹理是用精致细密的线条来绘制错综复杂、密集的图案。花朵纹理的线稿绘制需要注意线条的虚实变化，如图 1-45 所示；在花朵的上色处理上，亮部可以直接留白，如图 1-46 所示。

△ 图 1-45

△ 图 1-46

1.4.2 编织纹理及上色处理

在编织纹理的线稿处理上需要注意线条之间重叠的效果，如图 1-47 所示；编织纹理在上色处理时主要是注意明线条走向的关系，如图 1-48 所示。

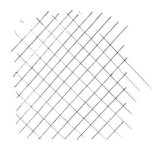

△ 图 1-47

△ 图 1-48

1.4.3 块状纹理及上色处理

由线转变为面，面具有大小、形状、色彩、机理等元素造型，通过重叠、相遇等组成后会让整个画面看起来更加丰富。在块状纹理的线条描绘上要注意线与面之间的关系，如图 1-49 所示；块状纹理的上色需要注意明暗交界面的关系，如图 1-50 所示。

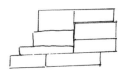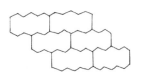

△ 图 1-49

△ 图 1-50

第2章
掌握人体比例结构与
基本动态

　　人体的比例结构是根据头长决定的，通常基本的人体比例为 7 到 8 个头长。只有熟悉了人体的基本比例，才能让画面具有观赏性。人体的运动规律构成了动态特征，运动规律在静止的动态特征中主要体现在重心、支撑面和重心线等方面，通过这 3 点来保证人体的动态平衡。

2.1 把握人体比例结构的原则

为了更清楚地了解人体的比例关系，我们通常用数字来表示人体美，并根据一定的基准进行比较。用同一人体的某一部位作为基准，来判断它与人体的比例关系的方法称为同身方法，通常用头高指数来确定身长。

2.1.1 人体的基本比例

人体主要由头部、躯干、上肢和下肢四部分组成。骨骼是人体的基础，骨骼与骨骼之间通过关节和肌肉相连接，从而达到自由活动的状态。骨架上附着了不同形状的肌肉，呈现出人体自然的外部形态，关节是人体能够产生丰富动态的基础。

在时装画的初步学习中，我们将整个人体进行简单化的划分，以便我们更清楚时装画中的比例结构构成。

时装画中简单的人体由长方形、梯形和圆柱组成。人体的基本身长为 7 到 7.5 个头长，在时装画里，通常身长大概为 7 到 10 个头长，如图 2-1 所示。

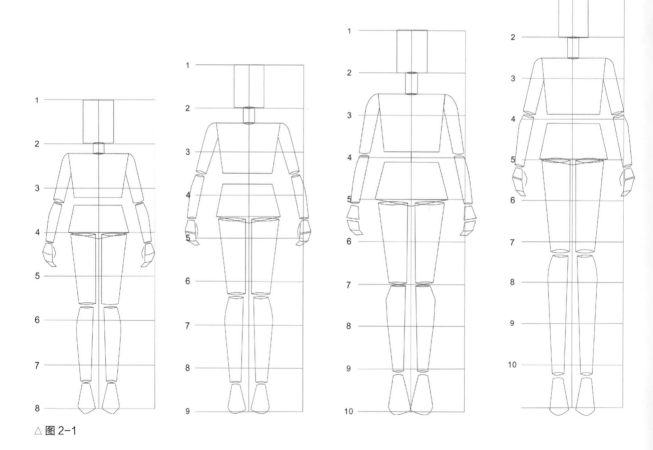

△ 图 2-1

2.1.2 女性人体比例结构

　　女性人体的基本特征是骨架、骨节比男性小，脂肪多，体形丰满，其外轮廓呈圆润柔顺的弧线。其结构特征一般表现为头骨圆而显小、脖子细而显长、颈项平坦、肩膀低、胸部隆起、胸廓较窄、腰部较高，腰部两侧向内收，且具有流畅的曲线特征，手和脚较小、盆骨宽、小腿肚小。

　　时装画中女性基本比例通常为 9 头身，因为 9 头身人体比例最为接近实际比例，且具有艺术夸张效果，所以 9 头身是服装人体绘画中最常选用的比例结构。

　　时装画中的人体比实际人体比例约多出至少一个头长，在服装插画中甚至将人体比例夸张到 10 个头长以上。从整体上看，人体的夸张部位主要在四肢上，特别是腿部比例的加长，而躯干部分因为受服装造型的限制，不便过分夸张。

　　女性 9 头身正面、侧面与背面的结构表现如图 2-2 所示。

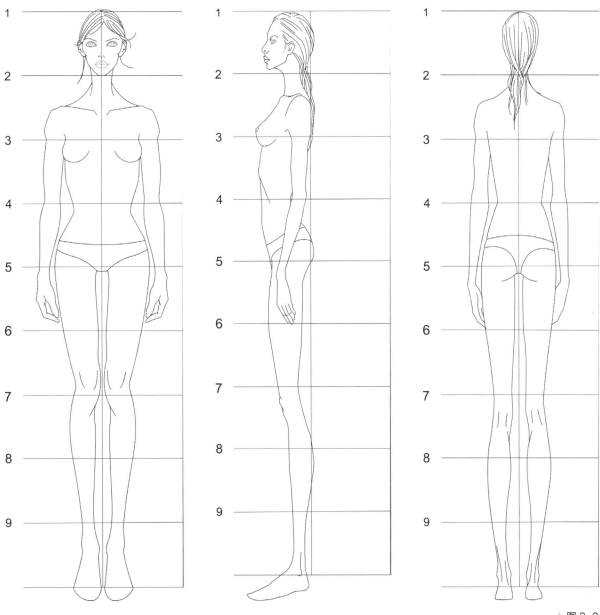

△ 图 2-2

2.1.3 男性人体比例结构

时装画中男性人体的基本特征是骨架、骨骼较大；肌肉发达突出，外轮廓线顺直；头部骨骼方而显大、突出，前额方而平直；脖子粗，肩宽一般为两个头长多一点，喉结突出；胸部肌肉丰满而发达、宽厚；腰部两侧的外轮廓线短而平直；盆骨高而窄、小腿肚大等。因此男性人体躯干的基本形呈倒梯形，男性的手和脚较女性偏大。

男性 9 头身的正面、侧面与背面的结构特征如图 2-3 所示。

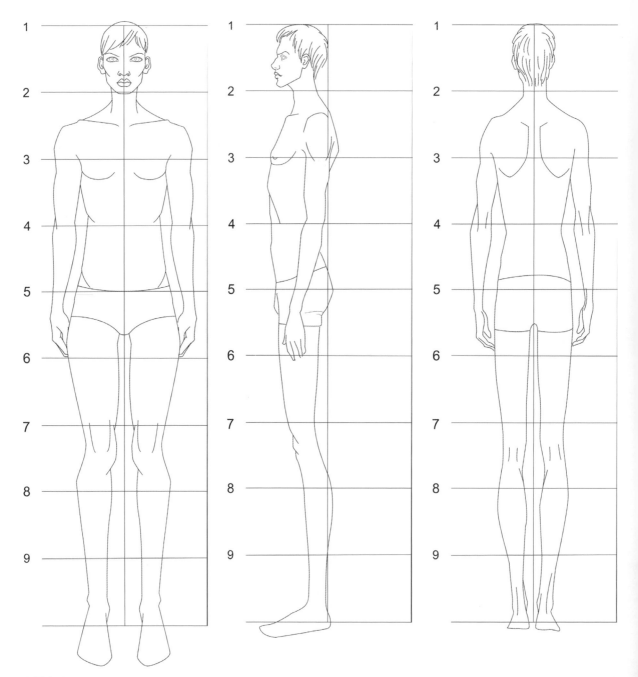

△ 图 2-3

2.2 人体动态表现的类型

人体动态主要是指人在活动过程中保持的某一姿势不变，或者是在人体活动过程中，肉眼捕捉到的某一姿势。动态的重心要稳，不能倾倒或歪斜。

2.2.1 人体动态规律

人体躯干的动态主要决定了身体的动态，身体的扭转主要依靠胸腔和腹腔两大体块，这两大体块的空间变化决定了人体动态的大小幅度差，如图 2-4 所示。

△ 图 2-4

2.2.2　重心

　　重心是指人体重量的支撑点。由于重心、重心面与支撑面的变化，会产生多种姿态。不管人体动态多夸张，从下巴到脚部位置的重心线为直线，人才站得稳。

1. 人体重心姿态的绘制

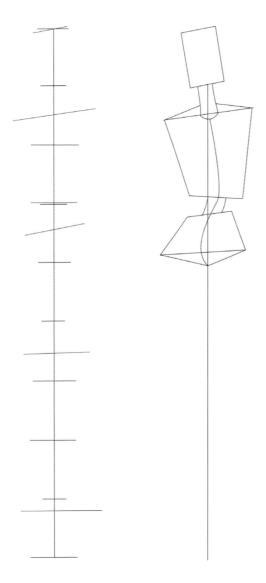
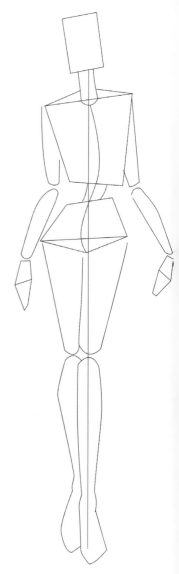

△ 图 2-5　　　　　　△ 图 2-6　　　　　　△ 图 2-7　　　　　　△ 图 2-8

step 01 在画面上确定整个人体的高度，以头长为单位，用直尺由上而下平行地画出 9 个头长的位置。在第二个头长位置的 1/2 处画出一条肩线辅助线，然后标明头顶、肩线、腰线、盆骨线、膝关节和踝关节的位置，如图 2-5 所示。

step 02 先画出头和颈部，再确定颈窝点和肩斜线的位置。由颈窝点画一条垂直到踝关节上的中心线，根据这条线画出胸腔和盆腔的外形，如图 2-6 所示。

step 03 根据人体姿态和重心线的位置，画出承受重力的腿和脚的位置，如图 2-7 所示。

step 04 确定手、肘关节的位置，用弧线连接胸腔、盆腔和四肢，如图 2-8 所示。

2. 人体动态重心

多种人体动态重心的表现如图 2-9 所示。

2.2.3　站姿

　　人体的站姿主要分为两种：一种为立正时的平衡状态，没有什么大的动态变化；另一种是不平衡状态，重心会发生变化，在人体结构上面是"两横"发生的变化。

　　人体站姿的表现有多种特征，时装画中多用平视直立的人体形态，因为它可以更好地表现人体的重心平衡规律，所以在站立的时候，人体腰线与我们的视平线要在同一水平线上。

　　人体站立的姿势有两种承重方式：一种是双腿承重，即双腿分别承担身体的重量；另一种是单腿承重，即一条腿支撑身体的重量，另一条腿自由摆放，如图 2-10 所示。

△ 图 2-10

2.2.4　走姿

　　走姿的动作弧度体现较夸张，特别是胯部、腰部和腿部。一般都是以双脚承重的方式来表现走路这一姿态，如图 2-11 所示。

△ 图 2-11

2.3 时装画中常见的人体动态

在时装画中，常用动态的表现形式，动态基本上是时装模特的常用表现姿势。服装的艺术美感常常是依附人体美来体现的，因此，人体美就显得尤为重要。

时装画在绘画中集艺术性、工艺技术性为一体，然而时装画的表达主体是服装，服装又是穿在人体上，因而人体在时装画中的表现很重要。

在时装画的创作过程中，构图是将设计理念完整展现的重要环节，它往往丰富多变，注重对个人风格和形式感的表现。根据设计需要，通常有单人构图和多人构图两类。

2.3.1 单人构图的人体动态表现

时装画中单人构图形式是最常见的，通常将单个人物安排在画面的中心位置，大小比例适中，以保证画面的完整性。有时根据服装款式的需要可以把人物安排在偏左或偏右的位置，或者把头部和四肢置于画面之外，生动而富有变化，如图 2-12 所示。

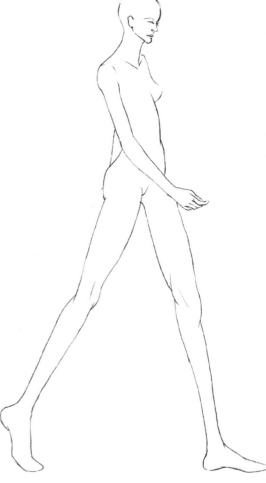

△图 2-12

2.3.2 多人构图的人体动态表现

多人构图是将多个人物有机地组合在一起，要注意对人物之间的距离和空间层次关系的把握，以及对人物动态的组合方式及画面气氛的渲染。在时装画中，一个空间内有多个人时，主要考虑多个人的排列方式，一般采用"人"字形和"T"字形两种方式排列，如图 2-13 所示。

△ 图 2-13

第3章
人物身体局部的
7种表现

人物身体局部主要是指身体的头部、四肢及躯干。

3.1　头部

头部是指人体脖子以上的部分。头部由颅脑和面部组成，面部主要包括五官部分。头部的基本形状是一个略扁的立方体，在时装画中通常画成一个鸭蛋形状。正面平行透视时，五官的位置可以用"三庭、五眼"的方法来划分。三庭是指眉线、鼻底线和下颚线；五眼是指从正面平视人体脸部时，脸的宽度为五只眼睛长度的总和。从其他角度来看头部，都是呈成角透视的，因而"三庭、五眼"的等距离划分线也会发生变化。

3.1.1　头部的透视

随着空间的变化及我们观察对象时的视线高低与视角的变化，头部便产生了各种透视，如图 3-1 所示。头部通过颈部的运动，可以前俯后仰、左右转动，从而形成正面透视（如图 3-2 所示）、3/4 侧面透视（如图 3-3 所示）和全侧透视（如图 3-4 所示）。

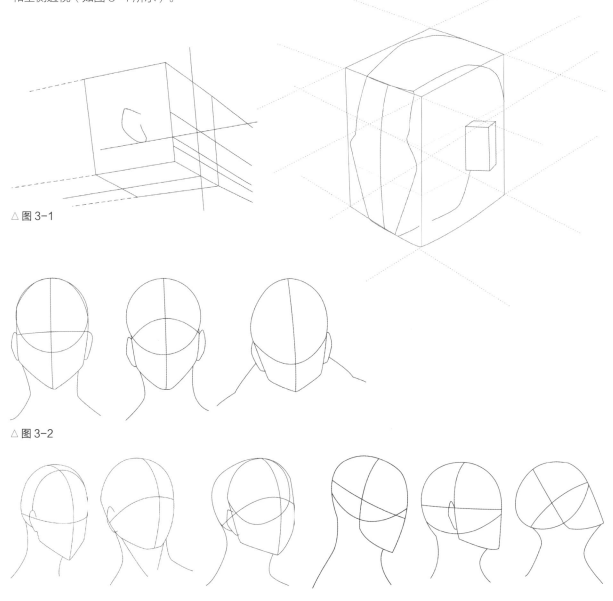

△图 3-1

△图 3-2

△图 3-3　　　　　　　　　　　　　　　　　　△图 3-4

3.1.2　不同角度下头型与五官的比例

头型是指头部的形状，五官在面部以"三庭、五眼"来划分。

头部的绘制方法如下。

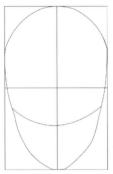

△ 图 3-5

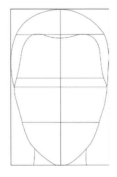

△ 图 3-6

△ 图 3-7

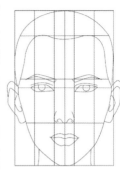

△ 图 3-8

△ 图 3-9

step 01 先画一个长方形的外框、一条中心线和一条平分线，再绘制出头部的外轮廓形状，如图 3-5 所示。

step 02 画出发际线和三庭的位置，三庭是指眉线、鼻底线和下颚线，如图 3-6 所示。

step 03 画出五眼的位置，并画出眼睛和眉毛的形状。五眼是指人体正面平视时，脸的宽度为五只眼睛长度的总和，如图 3-7 所示。

step 04 画出鼻子、耳朵、嘴巴的形状，如图 3-8 所示。

step 05 画出头发的形状，擦除多余的线条，如图 3-9 所示。

多种角度下的头型与五官表现如图 3-10 所示。

△ 图 3-10

3.1.3 给人物面部上色

面部上色技法的表现，主要用来展示面部多种妆容的效果。
给人物面部上色的步骤如下。

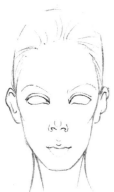

△ 图 3-11

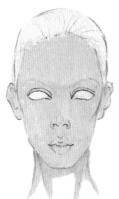

△ 图 3-12

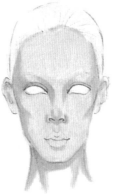

△ 图 3-13

△ 图 3-14

△ 图 3-15

step 01 用铅笔绘制好整个头部的线稿，如图 3-11 所示。

step 02 平铺面部和脖子的底色，如图 3-12 所示。

step 03 画出阴影的位置，如图 3-13 所示。

step 04 绘制出面部五官的颜色，注意瞳孔和嘴唇的高光处理，如图 3-14 所示。

step 05 用黑色勾线笔画出外轮廓，在额头、鼻梁、下巴和脖子的亮部画出高光，如图 3-15 所示。

多种面部上色的效果如图 3-16 所示。

△ 图 3-16

3.2 发型

在时装画中，模特发型和发色的设计对于时尚的传递和表现有着至关重要的作用。发型与脸型、服装的搭配是模特整体风格的重要表现。

3.2.1 短发的上色技法

为短发上色的步骤如下。

△ 图 3-17

△ 图 3-18

△ 图 3-19

△ 图 3-20

step 01 用铅笔先画出头发的外轮廓，然后针对发型的主要特征，将头发分组，有重点地进行表现，注意发际线和发型蓬松程度，如图3-17所示。

step 02 沿着头发的发丝走向，画出头发整体的底色，注意受光处的处理，如图3-18所示。

step 03 加深头发暗部的颜色，使头发整体看起来有体积感，留出高光位置，如图3-19所示。

step 04 用黑色勾线笔处理头发发丝的细节，画出高光，如图3-20所示。

多款短发的表现如图 3-21 所示。

△ 图 3-21

3.2.2 长发的上色技法

长发和短发有很大的差别，短发更注重造型，长发则更加注重发型本身的线条感。
为长发上色的步骤如下。

△ 图 3-22

△ 图 3-23

△ 图 3-24

△ 图 3-25

step 01 用铅笔画出头发整体的外轮廓，注意长发的上部分用较为紧凑的线条表现，下部分用比较飘逸的线条表现，把握好发型的松紧关系，如图 3-22 所示。

step 02 画出头发的底色，注意线条的流畅性，高光处可以直接留白，如图 3-23 所示。

step 03 用深色马克笔加深头发暗部的颜色，如图 3-24 所示。

step 04 用勾线笔画出头发发丝的飘逸感，如图 3-25 所示。

多款长发的表现如图 3-26 所示。

△ 图 3-26

3.3 五官

3.3.1 眉毛

眉毛在时装画里面的表现比较简单。眉头朝上，眉梢方向朝下，在时装画中往往把眉毛画成一条线。眉毛的绘制方法如下。

△ 图 3-27

△ 图 3-28

step 01 先用铅笔确定眉毛的长度、宽度及位置，眉头到眉峰的长度大约为眉长的 2/3，定好眉峰点，再描绘出眉毛的大致形状，如图 3-27 所示。

step 02 擦除多余的线条，明确眉形线，如图 3-28 所示。

多种眉形的表现如图 3-29 所示。

△ 图 3-29

多种眉毛上色的表现如图 3-30 所示。

△ 图 3-30

3.3.2 眼睛

眼睛主要呈球状，并且嵌在眼眶里面。表现眼睛要抓住各个部分的基本形和它们在空间中的透视变化，例如，眼廓近于平行四边形的形状，轮廓在不同角度下形状会发生变化；其体积的表现则要抓住眼睛的球形体积感和眼窝、眼睑的薄厚特征。

眼睑的开、合、垂、扬等细微变化，高光及眼球转动的位置是传神的要点所在。眼部的刻画不要太刻板，应该利用松紧、虚实、夸张和减弱等手法强化重点，省略次要部分和多余部分。另外眼妆对不同风格的服装起到呼应和对比的作用，在时装画中可以结合整体服装风格、模特的气质来进行体现。

正面眼睛的画法如下。

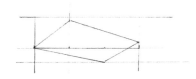

△ 图 3-31

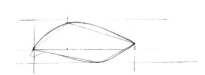

△ 图 3-32

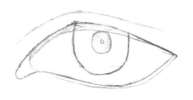

△ 图 3-33

step 01 用铅笔画出眼睛的基本形状，注意眼睛的角度与透视关系，如图 3-31 所示。

step 02 描出眼睛的整体形状，画出眼头，如图 3-32 所示。

step 03 用铅笔勾勒出整个眼睛形状，注意对上眼皮里面阴影的处理，画眼珠时先将眼珠的高光留出来，使眼睛看起来有通透感，如图 3-33 所示。

侧面眼睛的画法如下。

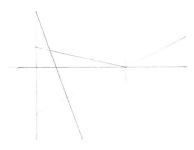

△ 图 3-34

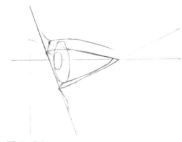

△ 图 3-35

△ 图 3-36

step 01 用铅笔画出眼睛的基本形状，注意侧面眼睛的角度与透视关系，如图 3-34 所示。

step 02 描出眼睛的整体形状，注意眼球的变化，如图 3-35 所示。

step 03 用铅笔勾勒出整个眼睛形状，注意对上眼皮里面阴影的处理，如图 3-36 所示。

眼睛上色的表现如图 3-37 所示。

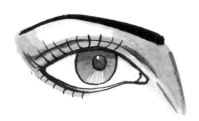
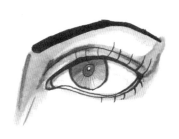

△ 图 3-37

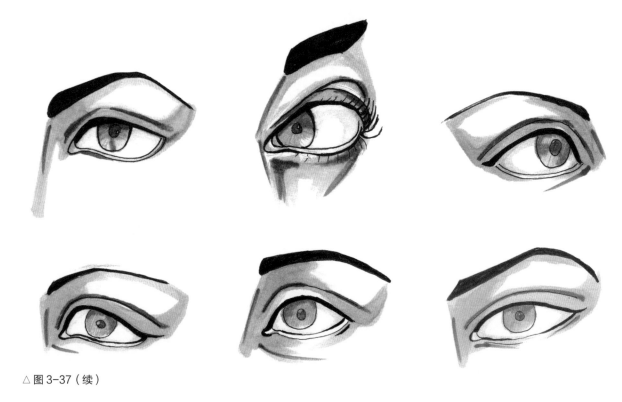

△ 图 3-37（续）

3.3.3 鼻子

鼻子的基本形状可以想象为梯形，而时装画中的鼻子只是一带而过。鼻子主要由鼻骨、鼻翼软骨、鼻孔构成。正面平视的鼻子可用梯形绘制，鼻头为一个大圆，鼻翼为两个小弧形，两个鼻孔相连成一个大弧形。侧面平视的鼻子则可用三角形绘制。

在时装画效果图中，鼻子的省略画法是，正面可以省略鼻骨，只画鼻翼、鼻孔或者两个鼻孔，或者眉毛和鼻骨连成一线。

正面鼻子的画法如下。

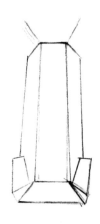

△ 图 3-38

step 01 先把鼻子概括成梯形，在梯形上面勾勒出鼻子主要部分的体积，分出鼻根、鼻梁、鼻头和鼻翼的大体位置，注意鼻子的角度与透视，如图 3-38 所示。

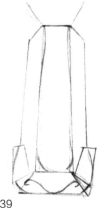

△ 图 3-39

step 02 画出鼻孔与鼻头，仔细画出鼻子的转折关系，如图 3-39 所示。

△ 图 3-40

step 03 细致刻画鼻子的形状，擦除多余线条，如图 3-40 所示。

侧面鼻子的画法如下。

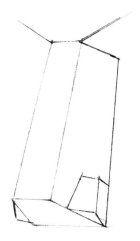

△ 图 3-41

step 01 先把鼻子概括成梯形，在梯形上面勾勒出鼻子各个主要部分的体积，分出鼻根、鼻梁、鼻头和鼻翼的大体位置，注意鼻子的角度与透视关系，如图 3-41 所示。

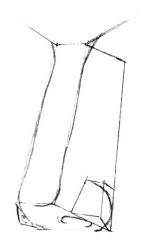

△ 图 3-42

step 02 画出鼻孔与鼻中隔，仔细画出鼻子的转折关系，如图 3-42 所示。

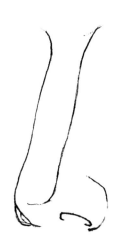

△ 图 3-43

step 03 细致刻画鼻子的形状，擦除多余线条，如图 3-43 所示。

全侧鼻子的画法如下。

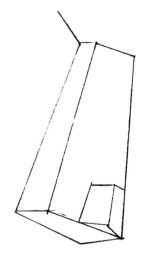

△ 图 3-44

step 01 先把鼻子概括成梯形，在梯形上面勾勒出鼻子各个主要部分的体积，分出鼻根、鼻梁、鼻头和鼻翼的大体位置，注意鼻子的角度与透视关系，如图 3-44 所示。

△ 图 3-45

step 02 画出鼻孔与鼻中隔，仔细画出鼻子的转折变化，如图 3-45 所示。

△ 图 3-46

step 03 细致刻画鼻子的形状，擦除多余线条，如图 3-46 所示。

鼻子的上色表现如图 3-47 所示。

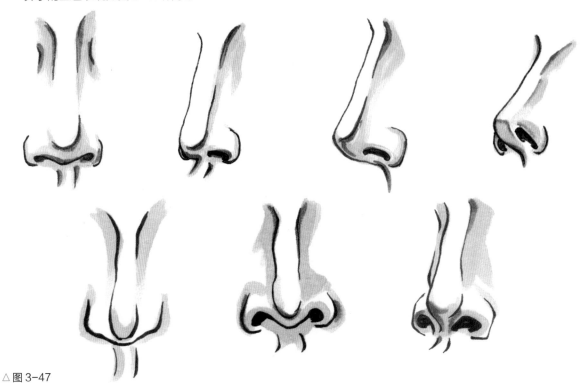

△ 图 3-47

3.3.4　耳朵

耳朵位于眉线与鼻底线之间。在实际的绘画过程中，耳朵经常被简化处理或省略。绘制耳朵的重点是确定其位置和大小，以及对不同角度的耳朵外轮廓的描绘。

正面耳朵的画法如下。

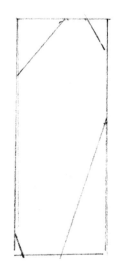

△ 图 3-48

 用铅笔勾勒出耳朵的外轮廓形状，step 01 如图 3-48 所示。

△ 图 3-49

step 02 画出内耳的形状，注意耳朵的位置与透视关系，如图 3-49 所示。

△ 图 3-50

step 03 细致刻画整体耳朵的形状，擦除多余的线条，如图 3-50 所示。

侧面耳朵的画法如下。

△ 图 3-51

step 01 用铅笔勾勒出耳朵的外轮廓形状，如图 3-51 所示。

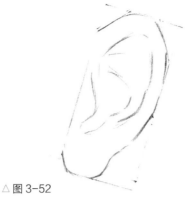

△ 图 3-52

step 02 画出内耳的形状，注意耳朵的位置与透视关系，如图 3-52 所示。

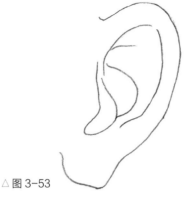

△ 图 3-53

step 03 细致刻画整体耳朵的形状，擦除多余的线条，如图 3-53 所示。

背面耳朵的画法如下。

△ 图 3-54

step 01 用铅笔勾勒出耳朵的外轮廓形状，如图 3-54 所示。

△ 图 3-55

step 02 画出内耳的形状，注意耳朵的位置与透视关系，如图 3-55 所示。

△ 图 3-56

step 03 细致刻画整体耳朵的形状，擦除多余的线条，如图 3-56 所示。

耳朵的上色表现如图 3-57 所示。

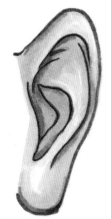
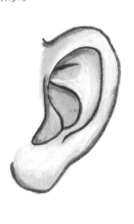

△ 图 3-57

3.3.5 嘴巴

嘴巴具有各种各样的形态。女模特张嘴时，我们虽然能看见她们的牙齿，但画嘴时并不将它们分别画出，而是一笔带过。嘴部一般由上唇、下唇及嘴角构成，下嘴唇比上嘴唇略厚，描画唇形的线条不能死板，应根据明暗关系，有轻重虚实的变化。上嘴唇结构和嘴角是嘴的主要特征，可以作为重点表现，女性嘴唇较为润泽，可提亮高光来表现嘴唇的光泽感。

正面嘴巴的画法如下。

△ 图 3-58

step 01 用铅笔勾勒出嘴巴基本的外轮廓形状，如图 3-58 所示。

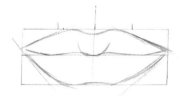

△ 图 3-59

step 02 描出整体的嘴巴形状，注意唇中与嘴角的处理，注意嘴的位置与透视关系，如图 3-59 所示。

△ 图 3-60

step 03 细致刻画嘴巴的形状，擦除多余线条，如图 3-60 所示。

侧面嘴巴的画法如下。

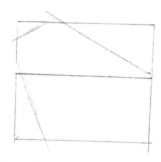

△ 图 3-61

step 01 用铅笔勾勒出嘴巴基本的外轮廓形状，如图 3-61 所示。

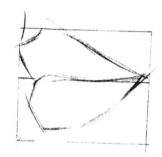

△ 图 3-62

step 02 描出整体的嘴巴形状，注意唇中与嘴角的处理，注意嘴的位置与透视关系，如图 3-62 所示。

△ 图 3-63

step 03 细致刻画嘴巴的形状，擦除多余线条，如图 3-63 所示。

嘴巴上色的表现如图 3-64 所示。

△ 图 3-64

3.4 手部

在表现手部姿态时，要注意手的长度，手掌的长度与中指的长度几乎相同。

手部的动作丰富，结构复杂，描绘时重点应该放在手的外形和整体姿态上面。另外，可以适当地夸张手指长度，以表现女性手部的纤细柔美。

3.4.1 手部形态

由于手部的骨骼与肌肉数量较多，我们在画手的时候，可以将其简化为几个块面。手掌是一个不规则的梯形块面。而手指可以处理为一截一截长短不等的圆柱体，关节可以以圆球体表现。

垂放的手部画法如下。

△ 图 3-65

△ 图 3-66

△ 图 3-67

 先勾勒出结构轮廓，如图 3-65 所示。

 进一步描绘手的形状，如图 3-66 所示。

 刻画细节，如图 3-67 所示。

叉腰的手部的画法如下。

△ 图 3-68

△ 图 3-69

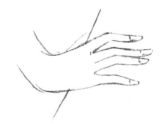

△ 图 3-70

 先勾勒出结构轮廓，如图 3-68 所示。

step 02 进一步描绘手的形状，如图 3-69 所示。

 细致刻画整体手部线条，擦除多余线条，如图 3-70 所示。

3.4.2 手部上色技法

手部的上色表现如图 3-71 所示。

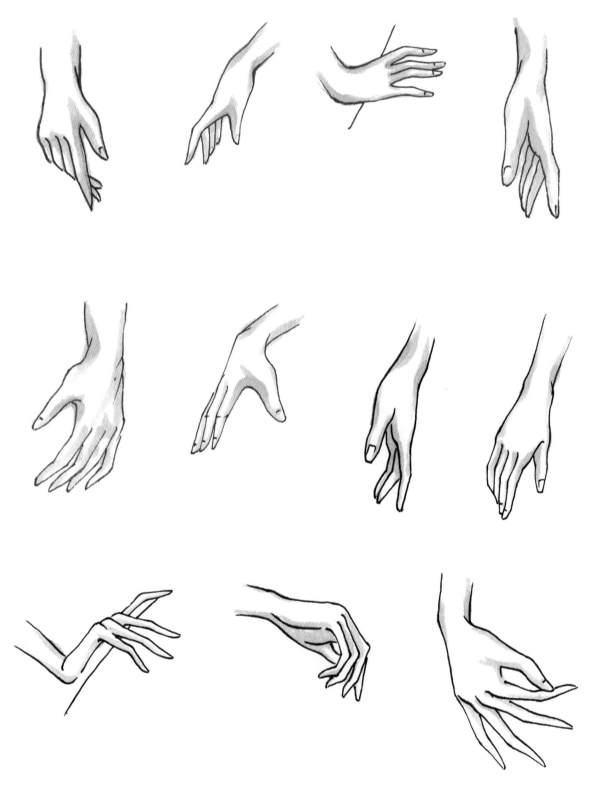

△ 图 3-71

3.5 手臂

手臂是指人的上肢，即肩膀以下、手腕以上的部位。绘制手臂时要注意手臂的结构变化，包括肌肉与骨骼。

3.5.1 手臂形态

侧面手臂的画法如下。

△ 图 3-72

△ 图 3-73

正面手臂的画法如下。

△ 图 3-74

△ 图 3-75

step 01 用铅笔绘制出手臂的基本形状，注意手臂的动态变化，如图 3-72 所示。

step 02 细致刻画手臂的整体形状，擦除多余线条，如图 3-73 所示。

step 01 用铅笔绘制出手臂的基本形状，注意手臂的动态变化，如图 3-74 所示。

step 02 细致刻画手臂的整体形状，擦除多余线条，如图 3-75 所示。

3.5.2 手臂上色技法

手臂的上色表现如图 3-76 所示。

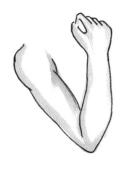

△ 图 3-76

3.6　腿部

腿的结构由大腿、小腿和膝盖构成。在画时装画时，为了使人物身材显得修长，往往会拉长腿部长度，尤其是小腿部分。

3.6.1　腿部形态

正面腿部的画法如下。

△图3-77

step
01 画出腿部动态的线条，大致勾勒出腿部的形状，注意两腿之间的空间变化，如图3-77所示。

△图3-78

step
02 细致刻画腿部整体线条，擦除多余线条，如图3-78所示。

侧面腿部的画法如下。

△图3-79

step
01 画出腿部动态的线条，大致勾勒出腿部的形状，注意两腿之间的空间变化，如图3-79所示。

△图3-80

step
02 细致刻画腿部整体线条，擦除多余线条，如图3-80所示。

3.6.2　腿部上色技法

腿部的上色表现如图3-81所示。

△图3-81

3.7 足部

脚主要由脚趾、脚掌和脚跟组成。脚部形态最难把握的是透视中的变形。

3.7.1 足部形态

正面足部的画法如下。

△ 图 3-82

step 01 先画出足部的体块形状，注意足部的方向变化，如图 3-82 所示。

△ 图 3-83

step 02 勾勒出足部的整体形状，把脚趾的位置概括出来，再把脚踝和足弓画出来，如图 3-83 所示。

△ 图 3-84

step 03 细致刻画脚部整体线条，擦除多余的线条，如图 3-84 所示。

侧面足部的画法如下。

△ 图 3-85

step 01 先画出足部的体块形状，注意足部的方向变化，如图 3-85 所示。

△ 图 3-86

step 02 勾勒出足部的整体形状，把脚趾的位置概括出来，再把脚踝和足弓画出来，如图 3-86 所示。

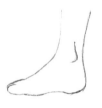

△ 图 3-87

step 03 细致刻画脚部整体线条，擦除多余的线条，如图 3-87 所示。

背面足部的画法如下。

△ 图 3-88

step 01 先画出足部的体块形状，注意足部的方向变化，如图 3-88 所示。

△ 图 3-89

step 02 勾勒出足部背面的整体形状，再把脚踝和脚跟形态画出来，如图 3-89 所示。

△ 图 3-90

step 03 细致刻画脚部整体线条，擦除多余的线条，如图 3-90 所示。

3.7.2 足部上色技法

足部的上色表现如图 3-91 所示。

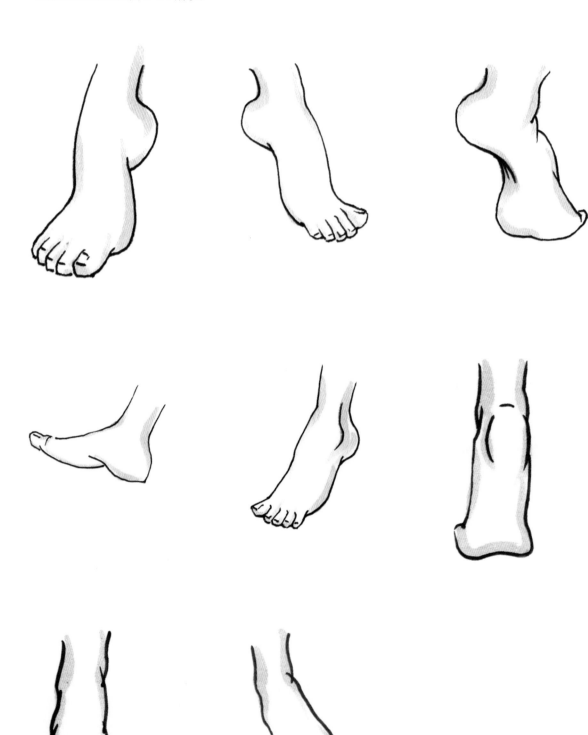

第4章
服装面料与饰品的表现

服装面料可以分为毛呢面料、透明面料、反光面料、针织面料等，运用各种手绘技法，
可以在时装画中表现出特定面料相对准确的质感和艺术气氛。

4.1 8种服装面料的表现技法

面料是指用于制作服装的材料。本节从纤维原料、纱线结构、织物组织、整体加工等方面分析了面料质感的形成及表现，通过各种面料的质感说明了服装材质与服装风格的关系。

4.1.1 牛仔面料

牛仔布也叫作丹宁布，是一种较粗厚的色织经面斜纹棉布。经纱颜色深，一般为靛蓝色；纬纱颜色浅，一般为浅灰或本白色，又称靛蓝劳动布。靛蓝是一种协调色，能与各种颜色的上衣相配，四季皆宜，如图4-1所示。

牛仔面料的特性：纯棉粗支纱斜纹布，质地厚实，容易吸汗、透气性很好，穿着舒适。经过适当处理，可以防皱、防变形。

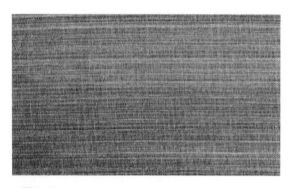 

△ 图4-1

牛仔面料的表现技法如下。

△ 图4-2

step 01 用Touch76号马克笔平铺底色，注意亮部需要留白处理，如图4-2所示。

△ 图4-3

step 02 待画纸干后，再用快干的Touch76号马克笔加深暗部，表现面料表面的颗粒状，如图4-3所示。

△ 图4-4

step 03 选用深蓝色的勾线笔均匀地勾满斜线，表现面料的肌理感，如图4-4所示。

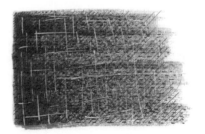

△ 图4-5

step 04 用黑色水性笔勾画长短不一的短横线，并画出高光，完成最终效果，如图4-5所示。

4.1.2　蕾丝面料

　　蕾丝面料通常指的是有刺绣的面料，也叫绣花面料。按其种类特点可以分为有弹蕾丝面料和无弹蕾丝面料，可以统称为花边面料。蕾丝面料的用途非常广泛，可以覆盖全纺织行业。

　　蕾丝面料因其质地轻薄而通透，具有精雕细琢的奢华感和浪漫气息的特质，如图4-6所示。

△图4-6

　　蕾丝面料的表现技法如下。

△图4-7

step 01 用铅笔勾勒出蕾丝的形状，用Touch168号马克笔平铺底色，如图4-7所示。

△图4-8

step 02 待画纸干后，用黑色勾线笔画出蕾丝的大致形状，如图4-8所示。

△图4-9

step 03 用Touch168号马克笔再加深暗部颜色，用黑色勾线笔画蕾丝的细节，如图4-9所示。

△图4-10

step 04 用快干的Touch169号马克笔加深暗部，突出花纹，再用黑色勾线笔勾勒蕾丝所有细节，完成最终效果，如图4-10所示。

4.1.3 针织面料

　　针织面料是利用织针将纱线弯曲成圈并相互串套而形成的织物，它分为纬编和经编两种。目前，针织面料广泛应用于服装面料及里料中，深受消费者的喜爱。

　　针织面料具有较好的弹性，吸湿透气，舒适保暖，如图 4-11 所示。

△ 图 4-11

　　针织面料的表现技法如下。

△ 图 4-12

step 01 用 Touch59 号马克笔浅色平铺底色，如图 4-12 所示。

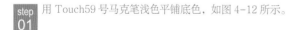

△ 图 4-13

step 02 继续用 Touch59 号马克笔加深底色来突出面料的肌理感，如图 4-13 所示。

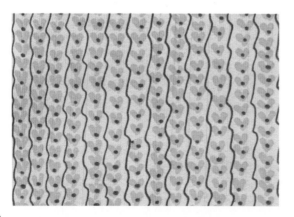

◁ 图 4-14

step 03 用 Touch46 号马克笔绘制出针织面料的纹理，再用黑色勾线笔画出细节，完成最终效果，如图 4-14 所示。

4.1.4　透明薄纱面料

透明薄纱分两类，一类为软纱，柔软半透明质地，较柔和；另一类为硬纱，质地轻盈却有一定的硬挺度。透明薄纱外观清淡雅洁，具有良好的透气性和悬垂性，如图 4-15 所示。

△ 图 4-15

透明薄纱面料的表现技法如下。

△ 图 4-16

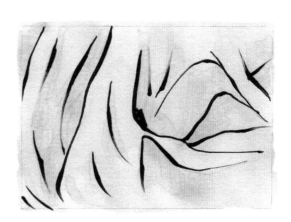

△ 图 4-17

step 01 用铅笔勾勒出面料的造型，再用 Touch16 号马克笔平铺所有薄纱部分，如图 4-16 所示。

step 02 待画纸干后，用 Touch167 号马克笔加深薄纱重叠部分的颜色，并用黑色毛笔勾出皱褶线，如图 4-17 所示。

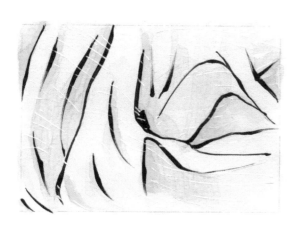

◁ 图 4-18

step 03 用 Touch59 号马克笔加深暗部颜色，刻画出高光部分，完成最终效果，如图 4-18 所示。

4.1.5 毛呢面料

　　毛呢面料是用各类羊毛、羊绒织成的织物或人造毛等纺织成的衣料，其种类也是非常丰富的，它的最大特点就是具有防皱性能，而且在手感方面具有弹性，保暖性能最好，如图 4-19 所示。

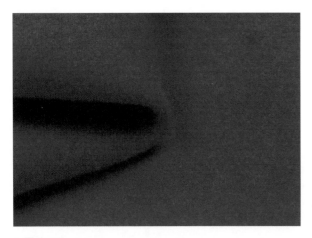 

△ 图 4-19

毛呢面料的表现技法如下。

△ 图 4-20

step 01 用 Touch12 号马克笔平铺底色，如图 4-20 所示。

△ 图 4-21

step 02 待画纸干后，用深红色勾线笔紧密地勾满波浪斜线，如图 4-21 所示。

△ 图 4-22

step 03 用高光笔随意零散地点满画面，表现出面料的肌理感，如图 4-22 所示。

△ 图 4-23

step 04 进一步用深红色勾线笔刻画面料的纹理效果，完成最终效果，如图 4-23 所示。

4.1.6　格纹和条纹图案面料

　　这是一种源自印度马德拉斯的疏松织物，以优质棉布织就，用植物染料印成格纹、条纹等。格纹图案也分多种类型，有千鸟格纹、苏格兰格纹、菱形格纹等，如图 4-24 所示。

△ 图 4-24

格纹图案面料的表现技法如下。

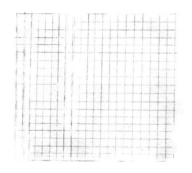

△ 图 4-25

step 01 用铅笔画好格子线稿，再用 TouchGG1 号马克笔平铺底色，如图 4-25 所示。

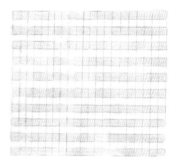

△ 图 4-26

step 02 待画纸干后，用 Touch145 号马克笔把横排填满，如图 4-26 所示。

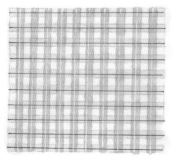

△ 图 4-27

step 03 用 Touch77 号马克笔把竖排填满，如图 4-27 所示。

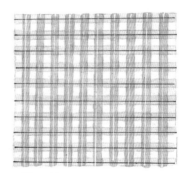

△ 图 4-28

step 04 用深色勾线笔勾勒暗部，再用高光笔处理亮部，完成最终效果，如图 4-28 所示。

4.1.7　亮片面料

　　亮片面料又叫珠片布，是用珠片刺绣而成的闪光片布料，一般用于服装、婚纱面料等。

　　珠片布的珠片材质属于反光材质，具有炫目的反光闪亮效果，是高贵礼服及高档产品的最佳选材面料，珠片布属于 PET 环保耐高温材质，是具有很强的耐高温防火的功能性面料，如图 4-29 所示。

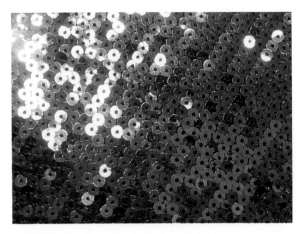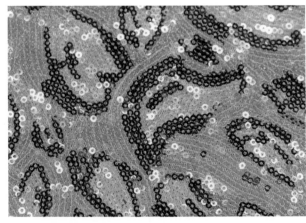

△ 图 4-29

　　亮片面料的表现技法如下。

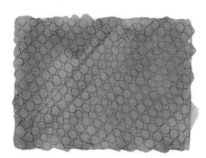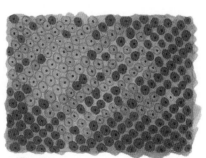

△ 图 4-30　　　　　　　　　　　　　　　　　　　△ 图 4-31

step 01 用铅笔勾勒出亮片的轮廓并用 Touch84 号马克笔平铺底色，如图 4-30 所示。

step 02 待画纸干后，用 Touch85 号马克笔加深暗部亮片轮廓的颜色，如图 4-31 所示。

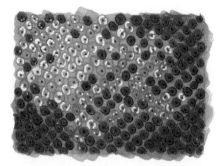

△ 图 4-32　　　　　　　　　　　　　　　　　　　△ 图 4-33

step 03 用 Touch85 号马克笔进一步加深暗部底色的颜色来突出亮片，如图 4-32 所示。

step 04 用黑色勾线笔处理暗部细节，再用白色勾线笔处理亮部部分，完成最终效果，如图 4-33 所示。

4.1.8 皮草面料

皮草是指利用动物的皮毛所制成的面料，具有保暖的作用。

皮草的特点是丰满、厚重、柔软，垂坠感较强，其色彩柔和，光泽度好，如图4-34所示。

△ 图4-34

皮草面料的表现技法如下。

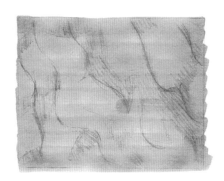

△ 图4-35

△ 图4-36

step 01 先用铅笔勾勒出结构的走向，再用 Touch107 号马克笔平铺底色，如图4-35所示。

step 02 待画纸干后，用 Touch107 号马克笔加深暗部的颜色，如图4-36所示。

△ 图4-37

△ 图4-38

step 03 用 Touch92 号马克笔勾勒出皮草毛峰的走向，丰富层次感，如图4-37所示。

step 04 用深色勾线笔加深毛皮的层次感，再用高光笔勾勒出发光位置，完成最终效果，如图4-38所示。

4.2 局部服装面料的表现技法

表现局部服装面料，是为了更好地体现整个时装画画面的完整性。

4.2.1 局部服装面料的技法表现

● 牛仔上衣的表现技法如下。

△图4-39　　　　　　△图4-40　　　　　　△图4-41　　　　　　△图4-42

step 01 用铅笔画好上衣的款式，再用Touch183号马克笔画出上衣的暗部，如图4-39所示。

step 02 再次用Touch183号马克笔加深暗部颜色以及背光区的阴影，如图4-40所示。

step 03 用Touch76号马克笔画出整件衣服的固有色，注意高光处直接留白，如图4-41所示。

step 04 画出上衣的外轮廓线并进行细节处理，如图4-42所示。

● 针织上衣的技法表现如下。

△图4-43　　　　　　△图4-44　　　　　　△图4-45　　　　　　△图4-46

step 01 用铅笔画出衣服款式的线稿，再用Touch7号马克笔画出衣服的暗部，如图4-43所示。

step 02 用Touch9号马克笔加深衣服暗部，注意马克笔的笔触要跟随衣服的结构走向来表现，如图4-44所示。

step 03 用Touch21号马克笔尖头画出针织上衣的细节，如图4-45所示。

step 04 用Touch120号马克笔画出衣服的外轮廓线，如图4-46所示。

● 蕾丝半裙的技法表现如下。

△图4-47　　　　　　△图4-48　　　　　　△图4-49　　　　　　△图4-50

step 01 用铅笔画出裙子的线稿，注意细节的处理。再用Touch67号马克笔画出裙子的暗部，如图4-47所示。

step 02 用黑色勾线笔画出裙子内部蕾丝的形状，如图4-48所示。

step 03 用Touch120号马克笔画出裙子的外轮廓线，如图4-49所示。

step 04 加深蕾丝的细节表现，以更好地体现裙子的体积感，如图4-50所示。

4.2.2　多种局部服装款式

多种局部服装款式如图 4-51 所示。

4.3　9种饰品的表现

装饰品在时装画的绘制过程中起到点缀的效果，有画龙点睛的作用。

4.3.1　帽子

帽子是戴在头部的装饰品，多数可以覆盖整个头部，主要用于保护头部。部分帽子会有凸出的边缘，可以遮挡阳光。

帽子可作装扮之用，也可以用来保护头型，遮盖秃头，或者作为制服或宗教服饰的一部分。帽子分很多种类，例如高帽、太阳帽等。有些帽子会有一块向外延伸的部位，称为帽舌。

帽子的技法表现如下。

▷图4-52

step 01 用铅笔绘制出帽子的形状，注意在绘制帽子外轮廓的时候一定要把握轮廓的整体形状；再用黑色勾线笔画出轮廓，调整整体画面，如图4-52所示。

▷图4-53

step 02 用Touch95号马克笔从暗部阴影位置开始上色，注意受光处的处理，如图4-53所示。

▷图4-54

step 03 用Touch98号马克笔加深帽子的暗部，将整个帽子的立体感体现出来，如图4-54所示。

4.3.2　眼镜

在时装画里，通常出现较多的是太阳眼镜。太阳眼镜，又称墨镜、遮阳镜，是为了保护眼睛所设计的。镜片往往为黑色或深色，以避免阳光刺激眼部。

眼镜的技法表现如下。

▷图4-55

step 01 用铅笔画出眼镜的轮廓，注意透视关系。再用黑色勾线笔清晰地画出轮廓，如图4-55所示。

▷图4-56

step 02 用Touch91号马克笔画出眼镜边框的颜色，注意明暗关系变化，如图4-56所示。

▷图4-57

step 03 用TouchCG2号马克笔画出镜片的反光。亮部直接留白，如图4-57所示。

4.3.3　项链

项链是用金银、珠宝等制成的挂在颈上的链条形状的首饰。项链是人体的装饰品之一，是最早出现的首饰。从古至今，人们为了美化自己，制作了各种不同风格、不同特色、不同样式的项链，以满足不同肤色、不同民族的人的审美需求。

世界上流行的时装项链，大都采用非常普通的材料制成，如包金、皮革、玻璃、木头等，主要是为了搭配服装，强调新、奇、美等特点。项链的技法表现如下。

◁ 图 4-58
step 01 绘制项链的整体轮廓，注意整个项链的轮廓结构以及前后的空间感，如图 4-58 所示。

◁ 图 4-59
step 02 用 Touch33 号马克笔进行整体铺色，如图 4-59 所示。

◁ 图 4-60
step 03 用 Touch101 号马克笔画出项链的暗部以及项链上的细节，丰富整个画面，如图 4-60 所示。

4.3.4 耳环

耳环又称为耳坠，是戴在耳朵上的饰品。耳环可以由金属、塑料、玻璃、宝石等材料制成。有些耳环是圈状的，有些是垂吊式的，有些是颗粒状的。耳环的重量和大小受耳朵的承受能力所限。

耳环的技法表现如下。

◁ 图 4-61
step 01 绘制出耳坠的整体轮廓。注意耳坠分为两部分，在绘制过程中要区分两个部分的关系，如图 4-61 所示。

◁ 图 4-62
step 02 用 Touch31 号马克笔先从暗部开始上色，下笔要利落，如图 4-62 所示。

◁ 图 4-63
step 03 用 Touch11 号马克笔完成整体颜色的表现，再画出宝石的颜色，如图 4-63 所示。

4.3.5 包包

包饰的兴起与服装的演变有着密切的联系。随着不同的潮流文化和时代的变化，在不同场合，女性的包饰已演变出变幻无穷的款式，如单肩包、手提包、手拿包等，数不胜数。

包包的技法表现如下。

▷ 图 4-64
step 01 先画出包包的整体轮廓，注意线条要干净利落，如图 4-64 所示。

▷ 图 4-65
step 02 用 Touch56 号马克笔对整个包包的底色进行渲染，如图 4-65 所示。

▷ 图 4-66
step 03 用 Touch54 号马克笔加深阴影部位的颜色，注意留白，如图 4-66 所示。

▷ 图 4-67
step 04 用黑色勾线笔画出外轮廓，再画出包包的线迹走向，如图 4-67 所示。

4.3.6 腰带

腰带是束腰用的饰品，一般用于裙装，今天已经发展成为一种时尚元素。

腰带的技法表现如下

◁ 图 4-68
step 01 画出腰带的整体轮廓，注意在绘制线稿的时候要把握前后关系和整个画面的空间感，如图 4-68 所示。

◁ 图 4-69
step 02 用 Touch102 号马克笔画出腰带的阴影部位，如图 4-69 所示。

◁ 图 4-70
step 03 用 Touch101 号马克笔进行平涂，完成腰带的色彩表现。再画出腰带头的颜色，如图 4-70 所示。

4.3.7 围巾

围巾是戴在颈部的饰品，其形状有长条形、三角形、方形等。围巾一般采用羊毛、棉、丝、莫代尔等面料制成，通常用于保暖，也可用于装饰，起到美观的作用。

围巾的技法表现如下。

▷图4-71 　　　　▷图4-72 　　　　▷图4-73 　　　　▷图4-74

step 01 画出围巾线稿，注意对内部细节的处理，如图4-71所示。

step 02 用TouchCG2号马克笔平铺围巾的底色，注意深浅变化，如图4-72所示。

step 03 用TouchCG5号马克笔加深阴影部分的颜色，如图4-73所示。

step 04 用Touch120号马克笔的尖头画出围巾的纹理，如图4-74所示。

4.3.8 手套

手套也是装饰品之一。当初手套的产生并不是为了御寒，只是到了近代，它才成为寒冷地区的保温必备之物，或是用作医疗防菌、工业防护的用品。

手套的技法表现如下。

◁图4-75 　　　　◁图4-76 　　　　◁图4-77

step 01 画出手套的线稿，注意手套的透视关系，如图4-75所示。

step 02 用Touch120号马克笔画出阴影和暗部的颜色，如图4-76所示。

step 03 用TouchCG8号马克笔平涂整个手套，注意颜色的叠加和过渡，高光处采用留白处理。再调整整个画面，如图4-77所示。

4.3.9 鞋子

鞋子是着装表现的必备品之一，具有很强的实用性和美观性。鞋子的种类日益繁多，主要体现在面料、花纹、款式上的变化。

鞋子的技法表现如下。

△图4-78 　　　　△图4-79 　　　　△图4-80 　　　　△图4-81

step 01 画出鞋子的线稿，注意鞋跟与鞋头的关系，如图4-78所示。

step 02 用Touch142号马克笔画出阴影部位，如图4-79所示。

step 03 用Touch31号马克笔画出鞋子的固有色，注意颜色的过渡变化，如图4-80所示。

step 04 画出鞋子颜色的整体部分，再画出高光，如图4-81所示。

第5章
女装款式的手绘表现

服装款式是指服装的样式。服装款式一般由结构、流行元素和质地3个方面组成。
女装款式是指女性穿于身体起保护和装饰作用的服装样式，主要包括上装、裙装、裤装
和外套。

5.1 上装

上装主要是指穿在人体上半身，即胯部以上位置的服装。上装是一个广义的名称，它包含了 T 恤、吊带装、衬衣、针织衫、女士卫衣等。

5.1.1 女士 T 恤

T 恤是春夏季人们最喜欢的服装之一，T 恤以其自然、舒适的设计广受人们的欢迎和喜爱。女士 T 恤的技法表现如下。

△ 图 5-1

step 01 用铅笔绘制出整个人体着装的大体动态，以及准确的服饰品的外轮廓，如图 5-1 所示。

△ 图 5-2

step 02 用 Touch136 号马克笔绘制皮肤的底色，注意眼睛的位置要做留白处理，如图 5-2 所示。

△ 图 5-3

step 03 细致刻画整个模特的着装造型，擦除多余的线条，保留清晰的线稿，如图 5-3 所示。

△ 图 5-4

step 04 用 Touch140 号马克笔加深皮肤的背光处和阴影部位，注意面部受光与背光的关系，如图 5-4 所示。

△ 图 5-5

step 05 细致刻画五官，注意五官上色的处理。再用 Touch33 号马克笔画出头发的底色，头发的受光部分可以采用留白处理，如图 5-5 所示。

△ 图 5-6

step 06 用 Touch31 号马克笔加深头发的背光处，注意头发整体的走向，用块状表示受光和背光，如图 5-6 所示。

△ 图 5-7

step 07 用黑色勾线笔画出头发的外轮廓线以及头发发丝的走向，并用黑色勾线笔画出服饰的外轮廓线，注意外轮廓线的虚实变化，如图 5-7 所示。

△ 图 5-8

step 08 用 Touch CG1 号和 Touch 11 号马克笔绘制衣服的底色，注意上衣白 T 恤的留白处理和裙子底色条纹的走向处理，以及包包和鞋子受光处的留白处理，如图 5-8 所示。

△ 图 5-9

step 09 用 Touch76 号 和 Touch33 号马克笔绘制衣服的细节，如图 5-9 所示。

△ 图 5-10

step 10 用 Touch120 号和 Touch10 号马克笔加深整体服装和饰品的阴影部分，如图 5-10 所示。

△ 图 5-11

step 11 用黑色勾线笔画出人体的外轮廓线，再用高光笔画出整体服饰品的高光，如图 5-11 所示。

5.1.2 吊带装

吊带也是夏季的服装，有着流畅的线条。轻柔的质地，性感而不失时尚。
吊带的技法表现如下。

◁图 5-12

step 01 用铅笔大致画出人体着装的线稿，注意动态表现，如图 5-12 所示。

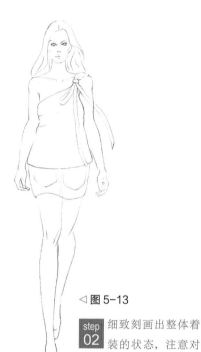

◁图 5-13

step 02 细致刻画出整体着装的状态，注意对衣服内部细节的处理，如图 5-13 所示。

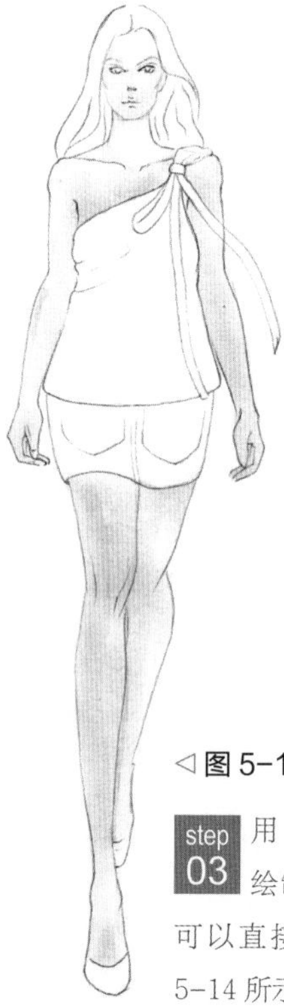

◁图 5-14

step 03 用 Touch26 号马克笔绘制出皮肤的底色，可以直接平铺颜色，如图 5-14 所示。

◁图 5-15

step 04 用 Touch25 号马克笔画出皮肤暗部的颜色，注意裙子在大腿上所形成的阴影，如图 5-15 所示。

◁图 5-16

step 05 用 Touch33 号马克笔平铺整个头发，注意发丝的走向，如图 5-16 所示。

◁图 5-17

step 06 用 Touch31 号马克笔加深头发的暗部以及阴影的颜色，如图 5-17 所示。

△ 图 5-18

step 07 用 Touch120 号马克笔画出五官的颜色，再画出头发的外轮廓线以及服装的整体外轮廓线，如图 5-18 所示。

△ 图 5-19

step 08 用 TouchCG2 号马克笔平铺衣服的固有色，如图 5-19 所示。

△ 图 5-20

step 09 用 TouchCG5 号马克笔加深衣服的暗部以及背光部分的颜色，马克笔的用笔要注意衣服的结构走向，如图 5-20 所示。

◁ 图 5-21

step 10 用 TouchCG8 号马克笔再次加深衣服暗部的颜色，如图 5-21 所示。

◁ 图 5-22

step 11 画出人体的外轮廓线，再画出衣服的细节以及高光部分，如图 5-22 所示。

5.1.3 衬衣

衬衣是指贴身穿的单衣，也叫衬衫。随着文化的发展，衬衣不再是男士服装的代表，也逐渐演变成女士的时尚单品。

衬衣的技法表现如下。

◁图 5-23

step 01 画出人体着装的动态，注意重心的位置，如图 5-23 所示。

◁图 5-24

step 02 细致刻画整体的着装状态，擦除多余的线条，如图 5-24 所示。

◁图 5-25

step 03 用 Touch136 号马克笔平铺整个皮肤的底色，如图 5-25 所示。

◁图 5-26

step 04 用 Touch140 号马克笔加深皮肤暗部的颜色，注意受光处与背光处的表现，如图 5-26 所示。

◁图 5-27

step 05 用 Touch120 号和 Touch11 号马克笔画出五官的颜色，如图 5-27 所示。

◁图 5-28

step 06 用 Touch33 号马克笔画出头发的固有色，亮部直接留白，如图 5-28 所示。

◁图 5-29

step 07 用 Touch31 号马克笔加深头发暗部的颜色，注意要沿着头发的走向来上色，如图 5-29 所示。

◁图 5-30

step 08 画出头发的外轮廓线以及衣服的外轮廓线，如图 5-30 所示。

△图 5-31

step 09 用 TouchCG1 号 和 Touch57 号马克笔绘制出上衣与裤子的底色。对于白衬衫的表现，只需在暗部上色即可，如图 5-31 所示。

△图 5-32

step 10 用 Touch61 号马克笔加深衣服暗部的颜色以及褶皱的阴影，从而体现衣服穿在人身上的体积感，如图 5-32 所示。

△图 5-33

step 11 画出衬衫的细节部分，再画出高光，如图 5-33 所示。

5.1.4　针织衫

针织衫是指使用针织设备织出来的服装，其质地松软，穿着舒适。毛衣是针织衫的一种。
针织衫的技法表现如下。

◁图 5-34

step 01 画出人体着装的基本外轮廓，注意动态的变化，如图 5-34 所示。

◁图 5-35

step 02 细致画出整体线稿，擦除多余的线条，如图 5-35 所示。

◁图 5-36

step 03 用 Touch136 号马克笔平铺整个皮肤的底色，如图 5-36 所示。

◁图 5-37

step 04 用 Touch140 号马克笔加深皮肤暗部的颜色以及五官位置的阴影，如图 5-37 所示。

◁图 5-38

step 05 用 Touch120 号和 Touch 11 号马克笔画出五官的颜色，如图 5-38 所示。

◁图 5-39

step 06 用 Touch95 号马克笔画出头发的固有色，亮部直接留白，如图 5-39 所示。

◁ 图 5-40

step 07 用 Touch98 号马克笔加深头发的背光处，再画出发丝的走向，如图 5-40 所示。

◁ 图 5-41

step 08 先用 Touch183 号马克笔平铺针织上衣的底色，再用 Touch70 号马克笔画出条纹的颜色与走向，如图 5-41 所示。

△ 图 5-42

step 09 用 Touch71 号、Touch11 号和 Touch 120 号马克笔画出下半身的裙子及针织衫领部的颜色及条纹，注意上色的处理，如图 5-42 所示。

△ 图 5-43

step 10 用 Touch33 和 93 号马克笔画出配饰的颜色，如图 5-43 所示。

△ 图 5-44

step 11 用 TouchCG2 号马克笔加深衣服暗部的颜色以及配饰暗部的颜色，再画出高光，如图 5-44 所示。

5.1.5 女士卫衣

卫衣是指针织运动衫、长袖运动休闲衫等，料子一般较厚，袖口紧缩有弹性。
女士卫衣的技法表现如下。

▷图5-45

step 01 画出人体着装的外轮廓线，注意手包的表现，如图5-45所示。

◁图5-46

step 02 细致刻画线稿，擦除多余的线条，保持画面的干净，如图5-46所示。

△图5-47

step 03 用Touch136号马克笔平铺皮肤的底色，如图5-47所示。

△图5-48

step 04 用Touch140号马克笔加深人体暗部的颜色，注意卫衣在大腿上所形成的阴影，如图5-48所示。

△图5-49

step 05 用Touch12号马克笔画出嘴巴的颜色；用TouchBG3号马克笔画出眉毛和眼睛的颜色；用Touch33号马克笔画出头发的固有色，亮部直接留白，如图5-49所示。

△ 图 5-50

step 06 用 Touch31 号马克笔加深头发暗部的颜色，再画出头发的外轮廓线，如图 5-50 所示。

△ 图 5-51

step 07 用 TouchCG6 号马克笔画出卫衣的固有色，再画出卫衣上面的字母和图案的颜色，如图 5-51 所示。

△ 图 5-52

step 08 用 Touch11 号和 Touch73 号马克笔画出包包和鞋子的固有色，亮部直接留白，如图 5-52 所示。

△ 图 5-53

step 09 用 TouchCG9 号马克笔加深卫衣的暗部，注意用笔的表现，如图 5-53 所示。

△ 图 5-54

step 10 用 Touch120 号和 Touch10 号马克笔加深包包和鞋子暗部的颜色，如图 5-54 所示。

△ 图 5-55

step 11 画出高光。注意卫衣上的字母，对于亮部直接用点状表现更能凸显字母是贴在衣服上面的状态，如图 5-55 所示。

5.2 裙装

裙装是指多种款式、多种长度的裙子，按造型可分为直裙、斜裙、节裙等，按长度可分为长裙、中长裙、短裙、超短裙等。

5.2.1 连衣裙

连衣裙属于裙子中的一类，是一个款式的总称。连衣裙在各种服装款式中被誉为"时尚皇后"。可以根据造型的需要，设计出各种有设计感的连衣裙。它是种类极为丰富的服装款式之一。

连衣裙的技法表现如下。

△ 图 5-56

step 01 用铅笔画出大致的人体动态，注意重心的位置，如图 5-56 所示。

的

△ 图 5-57

step 02 画出整体的人体着装状态，注意人体走动时裙摆的表现，如图 5-57 所示。

△ 图 5-58

step 03 细致刻画整体，擦除多余的线条，如图 5-58 所示。

△ 图 5-59

step 04 用 Touch25 号马克笔画出皮肤暗部的颜色，如图 5-59 所示。

△ 图 5-60

 step 05 用彩铅画出整体肤色，再用 Touch120 号和 Touch31 号马克笔刻画五官以及头发的固有色，如图 5-60 所示。

△ 图 5-61

step 06 用 Touch41 号马克笔加深头发暗部的颜色，注意头发发丝的走向，如图 5-61 所示。

△ 图 5-62

step 07 用 Touch59 号马克笔绘制出衣服暗部的颜色，注意手臂在这种薄纱面料中的表现；再画出鞋子的底色，如图 5-62 所示。

▷ 图 5-63

step 08 用 Touch47 号马克笔画出整体衣服的固有色以及鞋子的细节，再用 Touch120 号马克笔画出衣服的外轮廓线，如图 5-63 所示。

◁ 图 5-64

step 09 用 Touch52 号马克笔加深服装暗部的颜色，使服装看起来有立体感。再画出高光，如图 5-64 所示。

5.2.2 半身裙

半身裙是指长度在膝盖及膝盖以上的裙子。

半身裙的技法表现如下。

◁图 5-65

step 01 用铅笔画出人体着装的大致外轮廓线，如图 5-65 所示。

◁图 5-66

step 02 细致刻画着装状态，擦除多余的线条，如图 5-66 所示。

◁图 5-67

step 03 用 Touch136 号马克笔平铺人体皮肤的底色，如图 5-67 所示。

◁图 5-68

step 04 用 Touch140 号马克笔画出皮肤暗部的颜色以及裙子在腿上的阴影，如图 5-68 所示。

◁图 5-69

step 05 用 Touch93 号马克笔平铺头发的固有色，亮部直接留白，如图 5-69 所示。

◁图 5-70

step 06 用 Touch95 号马克笔加深头发暗部的颜色，注意马克笔绘制的线条走向，如图 5-70 所示。

◁ 图 5-71

step 07 画出头发的外轮廓线以及发丝，再画出衣服的外轮廓线，如图 5-71 所示。

◁ 图 5-72

step 08 用 Touch11 号和 Touch47 号马克笔平铺衣服的固有色，亮部直接留白，如图 5-72 所示。

△ 图 5-73

step 09 用 Touch51 号马克笔加深裙子暗部的颜色，如图 5-73 所示。

△ 图 5-74

step 10 用 Touch75 号马克笔画出衣服细节处的颜色，如图 5-74 所示。

△ 图 5-75

step 11 用高光笔处理亮部位置，以体现皮裙的质感，如图 5-75 所示。

5.2.3 短裙

短裙是指长度位于腰部以下、膝盖以上的裙子。短裙具有穿着方便、行动自如等特点。短裙的技法表现如下。

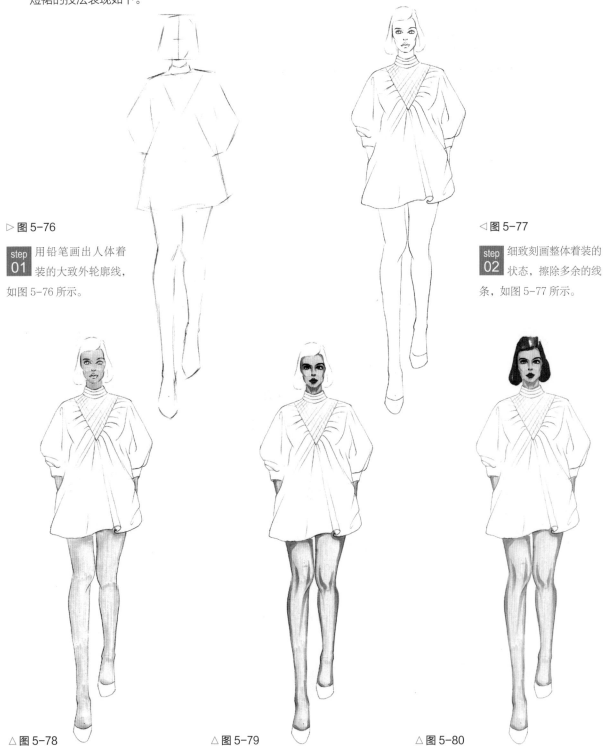

▷ 图 5-76

step 01 用铅笔画出人体着装的大致外轮廓线，如图 5-76 所示。

◁ 图 5-77

step 02 细致刻画整体着装的状态，擦除多余的线条，如图 5-77 所示。

△ 图 5-78

step 03 用 Touch28 号马克笔平铺皮肤的底色，如图 5-78 所示。

△ 图 5-79

step 04 用 Touch25 号马克笔加深皮肤暗部的颜色，再用 Touch120 号和 Touch11 号马克笔画出五官的细节和颜色，如图 5-79 所示。

△ 图 5-80

step 05 用 Touch100 号马克笔画出头发的固有色，亮部直接留白，如图 5-80 所示。

△ 图 5-81

step 06 用 Touch102 号马克笔加深头发暗部的颜色，注意马克笔用笔的走向，如图 5-81 所示。

△ 图 5-82

step 07 画出头发的外轮廓线，再画出人体的外轮廓线，如图 5-82 所示。

△ 图 5-83

step 08 用黑色马克笔画出衣服和鞋子的外轮廓线以及衣服上的褶皱线条，注意虚实变化，如图 5-83 所示。

△ 图 5-84

step 09 用 Touch23 号马克笔平铺衣服的固有色，注意用笔的走向，亮部直接留白，如图 5-84 所示。

△ 图 5-85

step 10 用 Touch103 号马克笔加深衣服暗部的颜色，再用 Touch142 号马克笔画出鞋子的固有色，如图 5-85 所示。

△ 图 5-86

step 11 用 Touch107 号马克笔加深鞋子暗部的颜色，再用高光笔处理衣服的亮部，体现人体着装的体积感，如图 5-86 所示。

5.2.4 长裙

长裙（裙摆至胫中以下），裙子的一种。长裙的款式变化多样，适合多季节穿着。
长裙的技法表现如下。

△ 图 5-87

step 01 绘制人体着装的大致外轮廓线，注意动态的表现，如图 5-87 所示。

△ 图 5-88

step 02 细致刻画人体着装的状态，注意裙摆的摆动形态，如图 5-88 所示。

△ 图 5-89

step 03 用 Touch29 号马克笔平铺皮肤的底色，如图 5-89 所示。

△ 图 5-90

step 04 用 Touch25 号马克笔加深皮肤暗部的颜色，注意五官处阴影的处理，如图 5-90 所示。

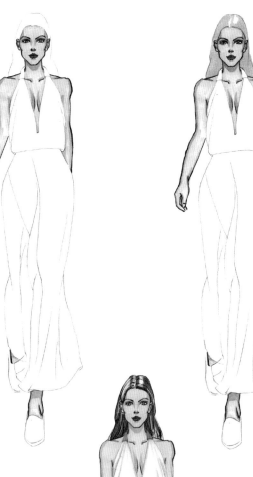

▷ 图 5-91

step 05 用 Touch120 号和 Touch11 号马克笔绘制出五官的颜色以及人体的外轮廓线，如图 5-91 所示。

◁ 图 5-92

step 06 用 Touch33 号马克笔平铺头发的固有色，亮部直接留白，如图 5-92 所示。

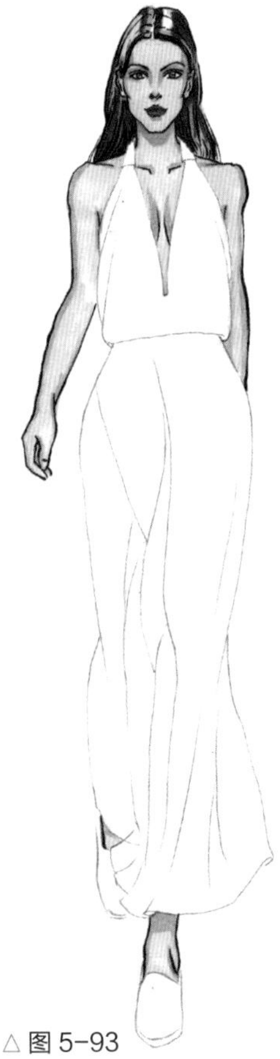

△ 图 5-93

step 07 用 Touch101 号马克笔加深头发暗部的颜色，再画出头发的外轮廓线，注意发丝的处理，如图 5-93 所示。

△ 图 5-94

step 08 用 TouchCG1 号和 Touch11 号马克笔绘制出衣服的颜色，注意绘制出裙摆下边格子的形状、走向，再用 TouchCG3 号马克笔画出鞋子的暗部，如图 5-94 所示。

△ 图 5-95

step 09 用 TouchCG3 号马克笔加深鞋子暗部的颜色，再用高光笔绘制衣服的亮部，如图 5-95 所示。

5.2.5　礼服裙

礼服裙是指在某些重大场合所穿的正式的裙子，一般礼服裙的设计比较夸张。
礼服裙的技法表现如下。

△ 图 5-96

step 01 用铅笔绘制出人体着装的大致线稿，如 5-96 所示。

△ 图 5-97

step 02 细致刻画人体着装的线稿，注意细节的处理，擦除多余的线条，如图 5-97 所示。

△ 图 5-98

step 03 用 Touch29 号马克笔平铺皮肤的底色，注意礼服裙的上部分是透明的薄纱，所以在画皮肤颜色的时候需要直接在衣服的上半部分涂肤色，如图 5-98 所示。

△ 图 5-99

step 04 用 Touch25 号马克笔加深皮肤暗部的颜色，注意五官的阴影位置，如图 5-99 所示。

△ 图 5-100

step 05 用 Touch120 号和 Touch140 号马克笔画出五官的颜色以及人体的外轮廓线，如图 5-100 所示。

△ 图 5-101

step 06 用 Touch31 号马克笔画出头发的固有色，亮部直接留白，如图 5-101 所示。

△ 图 5-102

step 07 用 Touch102 号马克笔加深头发暗部的颜色，再用黑色马克笔画出头发的外轮廓线以及发丝，最后画出头发的高光，如图 5-102 所示。

△ 图 5-103

step 08 用 Touch33 号和 Touch10 号马克笔画出衣服上半部分细节的颜色，如图 5-103 所示。

△ 图 5-104

step 09 用 Touch137 号和 Touch11 号马克笔画出衣服下半部分的颜色，亮部直接留白，如图 5-104 所示。

△ 图 5-105

step 10 用 TouchCG8 号和 Touch167 号马克笔画出鞋子和包包的颜色，注意细节的颜色处理,如图 5-105 所示。

△ 图 5-106

step 11 加深衣服、鞋子以及包包暗部的颜色，如图 5-106 所示。

△ 图 5-107

step 12 用高光笔画出高光，如图 5-107 所示。

5.3 裤装

裤装是裤子的总称，即以裤子为主体的服装，包含多种款式的裤子。

5.3.1 女士休闲裤

休闲裤是指穿起来显得比较休闲随意的裤子。广义的休闲裤包括一切在非正式场合穿着的裤子。
女士休闲裤的技法表现如下。

△ 图 5-108

step
01
用铅笔勾出人体着装的大致外轮廓线，注意动态的表现，如图5-108所示。

△ 图 5-109

step
02
细致刻画人体着装的线条，擦除多余的线条，如图5-109所示。

△ 图 5-110

step
03
用 Touch27号马克笔平铺皮肤的底色，如图5-110所示。

△ 图 5-111

step
04
用 Touch25号马克笔加深皮肤的暗部以及五官阴影的颜色，再用黑色马克笔画出人体的外轮廓线，如图5-111所示。

△ 图 5-112

△ 图 5-113

△ 图 5-114

step 05 用 Touch120 号和 Touch11 号马克笔画出五官的颜色，再用 Touch100 号马克笔平铺头发的固有色，注意亮部直接留白，如图 5-112 所示。

step 06 用 Touch102 号马克笔加深头发暗部的颜色，画出头发的外轮廓线，注意发丝细节的处理，如图 5-113 所示。

step 07 用黑色勾线笔画出衣服以及鞋子的外轮廓线，如图 5-114 所示。

▷ 图 5-115

◁ 图 5-116

step 08 用 TouchWG3 号马克笔画出衣服褶皱处与暗部的颜色，亮部直接留白，如图 5-115 所示。

step 09 用 TouchWG5 号马克笔加深衣服暗部的颜色来体现人体着装的立体感，然后用 TouchCG9 号马克笔画出鞋子的固有色，再用高光笔画出衣服与鞋子的高光，如图 5-116 所示。

5.3.2 女士牛仔裤

　　牛仔裤又称坚固呢裤，是一种男女均可穿的紧身便裤。牛仔裤因其耐磨、面料柔软、穿在身上时尚且舒适而受到人们的喜爱。

　　女士牛仔裤的技法表现如下。

△ 图 5-117

step 01 画出人体着装的大致外轮廓线，注意人体与衣服的动态之间的关系，如图 5-117 所示。

△ 图 5-118

step 02 细致刻画人体着装的线条，擦除多余线条，如图 5-118 所示。

△ 图 5-119

step 03 用 Touch25 号马克笔平铺皮肤的底色，如图 5-119 所示。

△ 图 5-120

step 04 用 Touch140 号马克笔加深皮肤暗部的颜色以及五官的阴影，再用黑色马克笔画出人体的外轮廓线，如图 5-120 所示。

△ 图 5-121

step 05 用 Touch120 号和 Touch11 号马克笔画出五官的颜色，再用 Touch101 号马克笔画出头发的外轮廓线，如图 5-121 所示。

△ 图 5-122

step 06 用 Touch102 号马克笔画出头发暗部的颜色，亮部直接留白，再用高光笔画出头发的高光，如图 5-122 所示。

◁图 5-123

step 07 用黑色勾线笔画出衣服与鞋子的外轮廓线，注意要处理好裤子褶皱位置的虚实变化，如图 5-123 所示。

◁图 5-124

step 08 用 Touch11 号马克笔画出上衣的固有色，注意亮部直接留白，如图 5-124 所示。

△图 5-125

step 09 用 Touch76 号和 Touch100 号马克笔画出裤子和鞋子的颜色，这款裤子和鞋子有很多褶皱，注意用笔要跟着结构走。再画出腰带的固有色，如图 5-125 所示。

△图 5-126

step 10 用 Touch71 号马克笔加深衣服暗部的颜色，对于牛仔裤的面料表现，可以用快干的马克笔的宽头画出牛仔裤的质感，如图 5-126 所示。

△图 5-127

step 11 画出上衣的细节部分，再加深腰带的颜色，最后用高光笔画出衣服和鞋子的高光，如图 5-127 所示。

5.3.3 女士连体裤

女士连体裤也称为连衣裤，其款式、种类繁多，其特点是休闲、舒适。
女士连体裤的技法表现如下。

▷图 5-128

step 01 画出人体着装的大致线稿，要注意动态的表现。再画出头发形状的外轮廓线，如图 5-128所示。

◁图 5-129

step 02 细致描画线条的表现，擦除多余的线条，保持画面干净，如图 5-129 所示。

△图 5-130

step 03 用 Touch28号马克笔平铺皮肤的底色，如图 5-130 所示。

△图 5-131

step 04 用 Touch25号马克笔加深皮肤暗部的颜色，注意五官暗部的表现，如图 5-131 所示。

△图 5-132

step 05 用 Touch120 号和 Touch11 号马克笔画出五官的颜色，注意先用勾线笔画出眼睛、鼻翼，以及唇线的轮廓，再上颜色，如图 5-132 所示。

△图 5-133

step 06 先画出人体的外轮廓线，再用 Touch33 号马克笔马克笔画出头发的固有色，注意亮部直接留白，如图 5-133 所示。

△图 5-134

step 07 用 Touch31 号马克笔加深头发暗部的颜色，再画出外轮廓线，接着用勾线笔处理头发的发丝，最后用高光笔画出高光，如图 5-134 所示。

△图 5-135

step 08 画出衣服与鞋子的轮廓线，注意衣服细节的处理，如图 5-135 所示。

△图 5-136

step 09 用 Touch71 号马克笔画出衣服的固有色，用笔要跟着结构走。再用 Touch11 号马克笔画出领巾和鞋子的颜色，如图 5-136 所示。

△图 5-137

step 10 用 Touch69 号马克笔加深衣服的暗部以及转折处的颜色，以体现人体着装的立体感，再加深领巾和鞋子的暗部颜色，如图 5-137 所示。

△图 5-138

step 11 用高光笔画出衣服、领巾、鞋子的亮部，如图 5-138 所示。

5.3.4　女士短裤

女士短裤也指热裤。短裤长短不一，一般为夏季和秋季穿着。
女士短裤的技法表现如下。

◁图 5-139

step 01　用铅笔勾勒出人体着装的外轮廓线，注意手拿包的表现，如图 5-139 所示。

◁图 5-140

step 02　细致刻画人体着装的线条表现，注意此款裤子为高腰裤，上衣扎在裤子里，有褶皱的表现，如图5-140 所示。

◁图 5-141

step 03　用 Touch28 号马克笔画出皮肤的底色，如图 5-141 所示。

◁图 5-142

step 04　用 Touch25 号马克笔加深皮肤暗部的颜色，加深五官处眉弓、鼻翼和下巴暗部的颜色，如图 5-142 所示。

◁图 5-143

step 05　用黑色勾线笔画出人体的外轮廓线，再用 Touch120 号、Touch11号和 Touch100 号马克笔画出五官的颜色和头发的固有色，如图 5-143 所示。

◁图 5-144

step 06　用 Touch99 号马克笔加深头发暗部的颜色，并用黑色马克笔画出头发的轮廓线，再用高光笔画出亮部，如图 5-144 所示。

◁ 图 5-145

step 07 用黑色马克笔画出衣服、包包以及鞋子的轮廓线，注意画上衣时要表现出胸部隆起的效果，如图 5-145 所示。

◁ 图 5-146

step 08 用 Touch43 号马克笔画出衣服的固有色，注意用笔的表现，如图 5-146 所示。

△ 图 5-147

step 09 用 TouchCG5 号马克笔画出裤子的固有色，如图 5-147 所示。

△ 图 5-148

step 10 用 TouchCG7 号马克笔先画出包包和鞋子的颜色，再加深衣服、包包和鞋子暗部的颜色，如图 5-148 所示。

△ 图 5-149

step 11 用高光笔来表现衣服、包包和鞋子的亮部，如图 5-149 所示。

5.3.5 女士九分裤

九分裤，顾名思义就是裤长九分，长及膝下。九分裤的设计比较随意，非常百搭。
女士九分裤的技法表现如下。

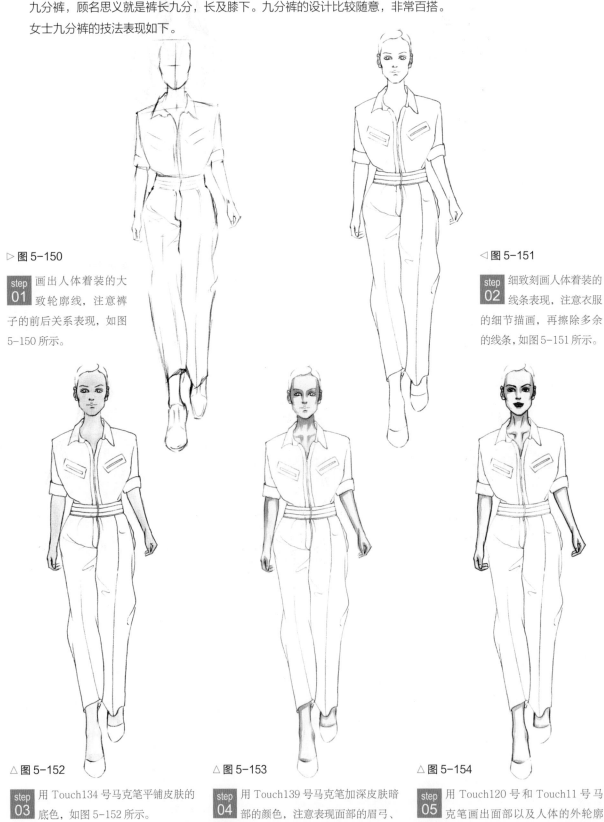

▷图 5-150

step 01 画出人体着装的大致轮廓线，注意裤子的前后关系表现，如图 5-150 所示。

◁图 5-151

step 02 细致刻画人体着装的线条表现，注意衣服的细节描画，再擦除多余的线条，如图 5-151 所示。

△图 5-152

step 03 用 Touch134 号马克笔平铺皮肤的底色，如图 5-152 所示。

△图 5-153

step 04 用 Touch139 号马克笔加深皮肤暗部的颜色，注意表现面部的眉弓、鼻翼以及下巴的暗部，如图 5-153 所示。

△图 5-154

step 05 用 Touch120 号和 Touch11 号马克笔画出面部以及人体的外轮廓线，再画出五官的颜色，如图 5-154 所示。

△ 图 5-155

step 06 要表现短发，先用黑色马克笔画出头发的轮廓，再用 Touch100 号马克笔画出头发的固有色，如图 5-155 所示。

△ 图 5-156

step 07 用 Touch120 号马克笔加深头发暗部的颜色，用勾线笔画出发丝的走向，再用高光笔画出亮部，如图 5-156 所示。

△ 图 5-157

step 08 画出衣服和鞋子的轮廓线，注意衣服褶皱的虚实变化，如图 5-157 所示。

△ 图 5-158

step 09 用 Touch137 号马克笔画出上衣的固有色，亮部直接留白，如图 5-158 所示。

△ 图 5-159

step 10 用 Touch84 号和 Touch120 号马克笔画出裤子与鞋子的颜色，再加深衣服暗部与褶皱处的颜色，如图 5-159 所示。

△ 图 5-160

step 11 用高光笔画出衣服的亮部，如图 5-160 所示。

5.4 外套

5.4.1 女士西装

西装又称为西服，按照驳头造型的不同，可分为平驳头西服、枪驳头西服和青果领西服等。女士西装是由男士西装发展过来的。

女士西装的技法表现如下。

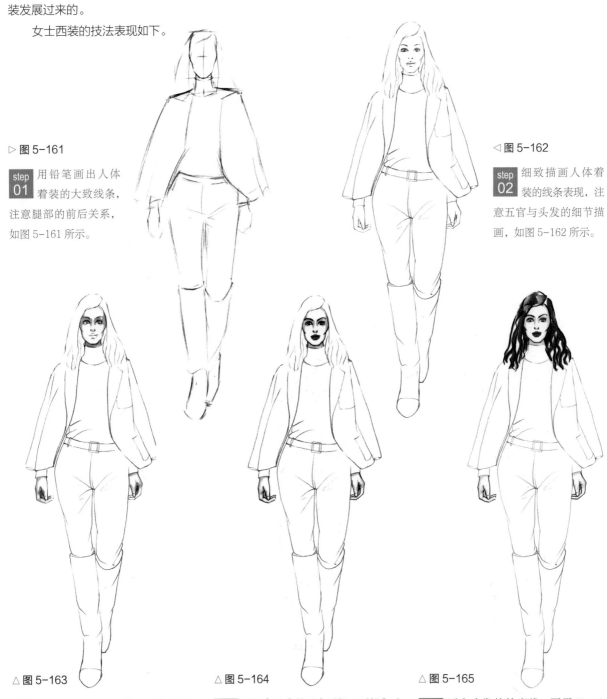

▷图 5-161

step 01 用铅笔画出人体着装的大致线条，注意腿部的前后关系，如图 5-161 所示。

◁图 5-162

step 02 细致描画人体着装的线条表现，注意五官与头发的细节描画，如图 5-162 所示。

△图 5-163

step 03 用 Touch131 号马克笔画出面部、脖子和手部的颜色，再用 Touch25 号马克笔加深暗部颜色，如图 5-163 所示。

△图 5-164

step 04 用黑色马克笔画出面部、颈部和手部的外轮廓线，再用 Touch120 号和 Touch11 号马克笔画出五官的颜色，如图 5-164 所示。

△图 5-165

step 05 画出头发的轮廓线，再用 Touch102 号马克笔画出头发的固有色，如图 5-165 所示。

△ 图 5-166

step 06 用 Touch95 号马克笔画出头发暗部的颜色，再用高光笔画出头发的亮部，如图 5-166 所示。

△ 图 5-167

step 07 用黑色马克笔画出衣服与鞋子的轮廓线，注意裤子内部褶皱线条的表现，如图 5-167 所示。

△ 图 5-168

step 08 用 TouchCG1 号马克笔画出白色毛衣暗部的颜色，再用 TouchWG5 号马克笔画出西装的固有色，如图 5-168 所示。

△ 图 5-169

step 09 用 TouchCG7 号和 Touch71 号马克笔画出腰带与牛仔裤的固有色，再用快干的马克笔表现出裤子的质感，如图 5-169 所示。

△ 图 5-170

step 10 用 TouchWG8 号和 Touch69 号马克笔加深西装和裤子暗部的颜色，再画出鞋子的颜色，注意这种皮质靴子可以只画出暗部，如图 5-170 所示。

△ 图 5-171

step 11 用高光笔画出衣服与鞋子的高光，如图 5-171 所示。

5.4.2　女士夹克

夹克是一种短上衣，其造型轻便、富有朝气、款式多样。
女士夹克的技法表现如下。

△ 图 5-172

step 01 用铅笔画出人体着装的大致轮廓线，如图 5-172 所示。

△ 图 5-173

step 02 细致刻画人体着装的线条表现，注意面部五官的细节描画，如图 5-173 所示。

△ 图 5-174

step 03 用 Touch28 号马克笔平铺皮肤的底色，如图 5-174 所示。

△ 图 5-175

step 04 用 Touch25 号马克笔画出皮肤暗部的颜色，注意五官的暗部表现，如图 5-175 所示。

△ 图 5-176

step 05 先用黑色勾线笔画出人体轮廓线，再用 Touch120 号和 Touch11 号马克笔画出五官的颜色，如图 5-176 所示。

△ 图 5-177

step 06 画出头发的轮廓线，再用 Touch 102 号马克笔平铺头发的固有色，如图 5-177 所示。

△ 图 5-178

step 07 用 Touch102 号马克笔加深头发暗部的颜色，再画出发丝，最后用高光笔画出亮部，如图 5-178 所示。

△ 图 5-179

step 08 用黑色马克笔画出衣服的轮廓线，注意夹克与内搭衣服之间的前后关系，如图 5-179 所示。

△ 图 5-180

step 09 用 Touch34 号马克笔画出内搭衬衣的固有色，如图 5-180 所示。

△ 图 5-181

step 10 用 Touch142 号马克笔画出内搭裤子的颜色，再用 Touch48 号马克笔画出鞋子的颜色以及外轮廓线，如图 5-181 所示。

△ 图 5-182

step 11 用 Touch169 号马克笔画出夹克的固有色，注意内部其他颜色的表现，如图 5-182 所示。

△ 图 5-183

step 12 用 TouchWG3 号马克笔加深夹克与内搭衣服，再用高光笔画出高光，最后加深鞋子暗部的颜色，如图 5-183 所示。

5.4.3 女士风衣

风衣又称防雨衣，适合四季穿着，深受人们的喜爱。
女士风衣的技法表现如下。

▷图 5-184

step 01 用铅笔画出人体着装的大致轮廓线，注意动态的变化，如图 5-184 所示。

◁图 5-185

step 02 细致刻画人体着装的线条，注意衣服内部细节的处理，如图 5-185 所示。

△图 5-186

step 03 用 Touch28 号马克笔平铺皮肤的底色，如图 5-186 所示。

△图 5-187

step 04 用 Touch25 号马克笔加深皮肤暗部的颜色，如图 5-187 所示。

△图 5-188

step 05 用黑色勾线笔画出人体的外轮廓线，再用 Touch120 号和 Touch11 号马克笔画出五官的颜色，如图 5-188 所示。

△ 图 5-189

step 06 画出头发的轮廓线，再用 Touch 100 号马克笔平铺头发的固有色，如图 5-189 所示。

△ 图 5-190

step 07 用 Touch102 号马克笔加深头发背光位置的颜色，再用高光笔画出亮部，如图 5-190 所示。

△ 图 5-191

step 08 用黑色马克笔画出衣服与鞋子的轮廓线，注意衣服褶皱的虚实变化，如图 5-191 所示。

△ 图 5-192

step 09 用 Touch169 号马克笔画出风衣的固有色，再用 TouchWG1 号马克笔画出鞋子的颜色，如图 5-192 所示。

△ 图 5-193

step 10 用 TouchCG1 号马克笔画出内搭白毛衣暗部的颜色，再用 Touch142 号和 TouchCG2 号马克笔加深风衣和鞋子暗部的颜色，最后画出腰带的颜色，如图 5-193 所示。

△ 图 5-194

step 11 用高光笔画出衣服和鞋子的亮部，如图 5-194 所示。

5.4.4　女士大衣

大衣的款式一般是在腰部横向剪接，腰围合体。女士大衣一般随流行趋势而不断变换样式。
女士大衣的技法表现如下。

▷图 5-195

step 01 用铅笔画出人体着装的大致轮廓线，如图 5-195 所示。

◁图 5-196

step 02 细致刻画人体着装的线条，注意面部、头发和手部的细节描画，如图 5-196 所示。

△图 5-197

step 03 用 Touch28 号马克笔平铺皮肤底色，如图 5-197 所示。

△图 5-198

step 04 用 Touch25 号马克笔加深皮肤暗部的颜色，如图 5-198 所示。

△图 5-199

step 05 用黑色勾线笔画出人体的外轮廓线条，再用 Touch120 号和 Touch11 号马克笔画出五官的颜色，如图 5-199 所示。

△ 图 5-200

△ 图 5-201

△ 图 5-202

step 06 用 Touch33 号马克笔画出头发的轮廓线，再平铺头发的固有色，如图 5-200 所示。

step 07 用 Touch101 号马克笔加深头发暗部的颜色，再画出发丝，最后用高光笔画出头发的亮部，如图 5-201 所示。

step 08 用黑色马克笔画出衣服与鞋子的轮廓线，如图 5-202 所示。

△ 图 5-203

△ 图 5-204

△ 图 5-205

step 09 用 TouchWG2 号和 TouchCG9 号马克笔画出衣服和鞋子的固有色，注意衣服为毛呢大衣，亮部不需要留白，直接平铺颜色。再画出内搭裙子下摆的颜色，如图 5-203 所示。

step 10 用 TouchWG5 号马克笔和 Touch120 号马克笔加深大衣与鞋子暗部的颜色。注意对毛呢大衣的暗部，直接用马克笔的宽笔头来表现毛呢大衣的厚重感，如图 5-204 所示。

step 11 用高光笔画出衣服和鞋子的亮部，如图 5-205 所示。

5.4.5 女士牛仔服

牛仔外套，其本身是作为工作服演变过来的，款式和其他外套类似。
女士牛仔服的技法表现如下。

△ 图 5-206

step 01 画出人体着装的大致轮廓线，如图 5-206 所示。

△ 图 5-207

step 02 细致刻画人体着装的线条，擦除多余线条，如图 5-207 所示。

△ 图 5-208

step 03 先用 Touch28 号马克笔平铺皮肤的底色，再用 Touch25 号马克笔画出皮肤暗部的颜色，如图 5-208 所示。

△ 图 5-209

step 04 用黑色勾线笔画出人体的轮廓线，再用 Touch120 号和 Touch11 号马克笔画出五官的颜色，如图 5-209 所示。

△ 图 5-210

step 05 用 Touch100 号马克笔画出头发的轮廓线，再平铺头发的固有色，如图 5-210 所示。

△ 图 5-211

step 06 用 Touch102 号马克笔加深头发暗部的颜色，再画出发丝，最后用高光笔画出头发亮部，如图 5-211 所示。

△ 图 5-212

step 07 用黑色马克笔画出衣服和鞋子的轮廓线，如图 5-212 所示。

△ 图 5-213

step 08 用 Touch183 号和 Touch31 号马克笔画出衣和鞋子的固有色，注意此款为浅色牛仔服，亮部直接留白，如图 5-213 所示。

△ 图 5-214

step 09 用 Touch76 号和 Touch41 号马克笔加深衣服暗部的颜色，再画出牛仔服的线迹细节，最后用高光笔画出高光，如图 5-214 所示。

5.4.6 女士羽绒服

羽绒服是内充羽绒的上衣，外形庞大圆润，羽绒服的保暖性是很好的。
女士羽绒服的技法表现如下。

△图 5-215

step 01 用铅笔画出人体着装的大致轮廓线，如图5-215 所示。

△图 5-216

step 02 细致刻画人体着装的线条，擦除多余线条，如图 5-216 所示。

△图 5-217

step 03 用 Touch28 号马克笔平铺皮肤的底色，如图5-217 所示。

△图 5-218

step 04 用 Touch25 号马克笔加深皮肤暗部的颜色，注意五官暗部的表现，如图5-218 所示。

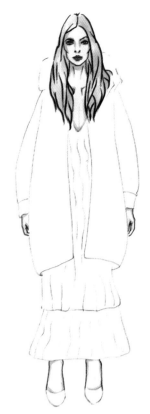

△ 图 5-219

step 05 用黑色勾线笔画出人体的轮廓线，再用 Touch120 号和 Touch11 号马克笔画出五官的颜色，如图 5-219 所示。

△ 图 5-220

step 06 用黑色马克笔画出头发的轮廓线，再用 Touch100 号马克笔平铺头发的固有色，如图 5-220 所示。

△ 图 5-221

step 07 用 Touch101 马克笔画出头发暗部的颜色，再描画头发的发丝，最后用高光笔画出亮部，如图 5-221 所示。

△ 图 5-222

step 08 用 TouchCG6 号马克笔画出针织裙的固有色，再用 TouchCG9 号马克笔画出羽绒服的颜色。表现羽绒服时需画出羽绒服的褶皱与隆起暗部的颜色。最后画出帽子和鞋子的颜色，如图 5-222 所示。

△ 图 5-223

step 09 画出帽子的细节，再加深针织裙、鞋子和羽绒服暗部的颜色。最后用高光笔画出帽子、针织裙、羽绒服和鞋子的高光，如图 5-223 所示。

5.4.7　女士皮草

皮草是指利用动物的皮毛所制成的服装，具有保暖的作用。
女士皮草的技法表现如下。

▷图 5-224

step 01 用铅笔画出人体着装的大致轮廓线，注意腿部的前后关系，如图 5-224 所示。

◁图 5-225

step 02 细致刻画人体着装的线条，擦除多余线条，如图 5-225 所示。

△图 5-226

step 03 用 Touch28 号马克笔平铺皮肤的底色，如图 5-226 所示。

△图 5-227

step 04 用 Touch25 号马克笔加深皮肤暗部的颜色，注意面部暗部的表现，如图 5-227 所示。

△图 5-228

step 05 用黑色勾线笔画出人体的轮廓线，再画出五官的颜色，如图 5-228 所示。

△ 图 5-229

step 06 用黑色马克笔画出头发的轮廓线，再用 Touch100 号马克笔平铺头发的固有色，如图 5-229 所示。

△ 图 5-230

step 07 用 Touch102 号马克笔加深头发暗部的颜色，再画出发丝的细节，最后用高光笔画出高光，如图 5-230 所示。

△ 图 5-231

step 08 用黑色马克笔画出衣服和鞋子的轮廓线，如图 5-231 所示。

△ 图 5-232

step 09 用 TouchCG9 号和 Touch120 号马克笔画出衣服的固有色，注意用笔的表现，如图 5-232 所示。

△ 图 5-233

step 10 用 Touch120 号马克笔加深衣服暗部的颜色，再画出皮草的细节，最后用高光笔画出高光，如图 5-233 所示。

△ 图 5-234

step 11 用 Touch10 号马克笔平铺鞋子的固有色，用 Touch2 号马克笔加深暗部颜色，再画出鞋子的细节，最后画出高光，如图 5-234 所示。

第6章
男装款式的手绘表现

服装款式是指服装的样式，服装款式一般由结构、流行元素和质地3个方面组成。

男装款式是指男性穿于身体起保护和装饰作用的服装样式，包括上装、裤装和外套。

6.1 上装

上装是指穿在人体胯部以上的服装。

6.1.1 男士 T 恤

男士 T 恤的设计比女士的稍微复杂一些，主要体现在领子上的变化，但是其面料的舒适度与女士 T 恤一样。男士 T 恤的技法表现如下。

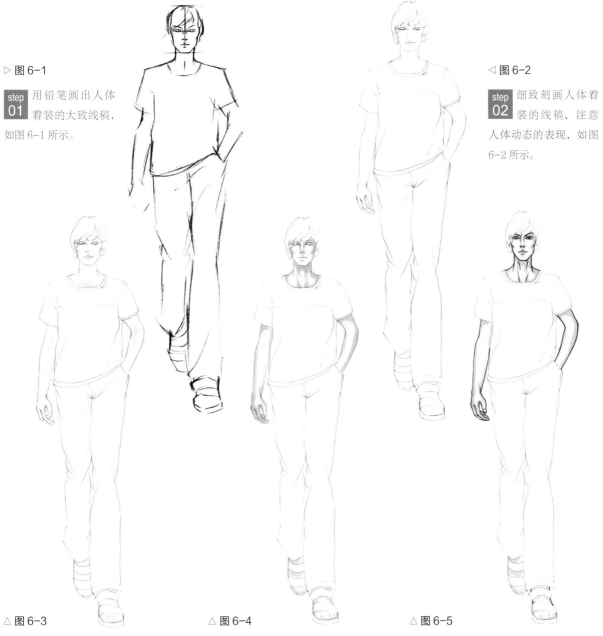

▷ 图 6-1

step 01 用铅笔画出人体着装的大致线稿，如图 6-1 所示。

◁ 图 6-2

step 02 细致刻画人体着装的线稿，注意人体动态的表现，如图 6-2 所示。

△ 图 6-3

step 03 用 Touch28 号马克笔绘制出皮肤的底色，如图 6-3 所示。

△ 图 6-4

step 04 用 Touch25 号马克笔画出人体暗部的颜色，注意面部阴影的处理，如图 6-4 所示。

△ 图 6-5

step 05 用 Touch120 号和 Touch139 号马克笔画出五官的颜色，再用黑色勾线笔画出人体的外轮廓线，如图 6-5 所示。

△ 图 6-6

step 06 画出头发的外轮廓线，再用 Touch100 号马克笔画出头发的固有色，如图 6-6 所示。

△ 图 6-7

step 07 用 Touch101 号马克笔加深头发暗部的颜色，再画出头发的高光，如图 6-7 所示。

△ 图 6-8

step 08 用黑色马克笔画出衣服和鞋子的轮廓线，注意线条虚实的表现，如图 6-8 所示。

△ 图 6-9

step 09 用 Touch33 号马克笔画出 T 恤的固有色，如图 6-9 所示。

△ 图 6-10

step 10 用 Touch31 号马克笔画出裤子的颜色，亮部直接留白，再画出鞋子的颜色，如图 6-10 所示。

△ 图 6-11

step 11 用 Touch31 号和 Touch41 号马克笔加深衣服暗部的颜色，注意对褶皱的处理，再用高光笔画出衣服的高光，如图 6-11 所示。

6.1.2　男士衬衣

　　在欧洲文艺复兴初期，衬衣还被当作内衣看待，男士衬衣只能穿在西服里面，随着时代和文化的发展，现在男士衬衣的穿着没有什么束缚，可以直接当作单衣穿。

　　男士衬衣的技法表现如下。

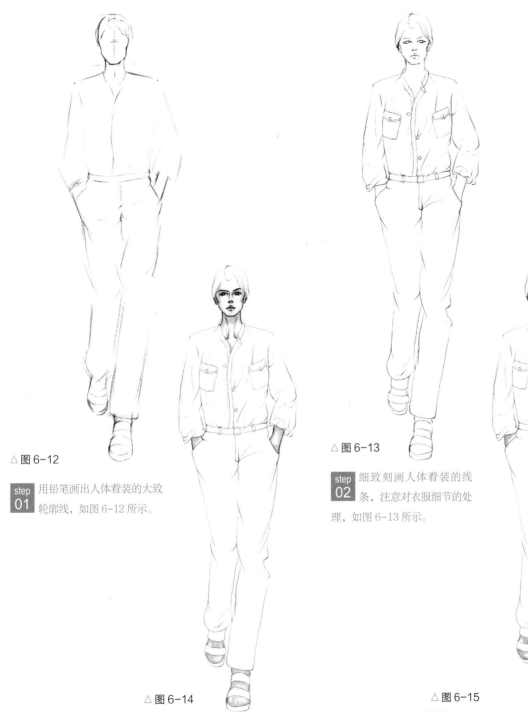

△ 图 6-12

step 01　用铅笔画出人体着装的大致轮廓线，如图 6-12 所示。

△ 图 6-13

step 02　细致刻画人体着装的线条，注意对衣服细节的处理，如图 6-13 所示。

△ 图 6-14

step 03　用 Touch28 号马克笔平铺皮肤的底色，再用 Touch25 号马克笔画出皮肤暗部的颜色，如图 6-14 所示。

△ 图 6-15

step 04　用 Touch120 号 和 Touch139 号马克笔画出五官的颜色，再用黑色勾线笔画出人体的外轮廓线，如图 6-15 所示。

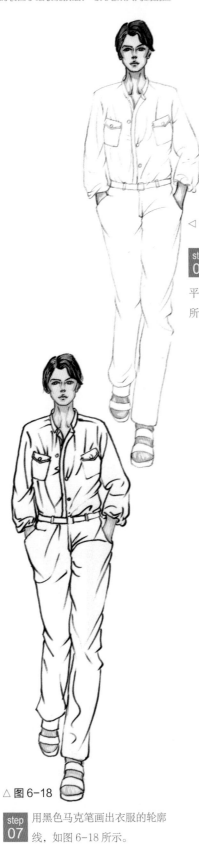

◁ 图 6-16

step 05 用 Touch101 号马克笔先画出头发的轮廓线，再平铺头发的固有色，如图 6-16 所示。

◁ 图 6-17

step 06 用 Touch102 号马克笔加深头发暗部的颜色，再处理发丝，最后用高光笔画出高光，如图 6-17 所示。

△ 图 6-18

step 07 用黑色马克笔画出衣服的轮廓线，如图 6-18 所示。

△ 图 6-19

step 08 用 TouchWG1 号马克笔画出衣服暗部的颜色，亮部直接留白，再用 TouchCG9 号马克笔画出鞋子的固有色，如图 6-19 所示。

△ 图 6-20

step 09 用 TouchWG3 号马克笔进一步加深暗部的颜色，用 Touch41 号马克笔画出衣服细节的颜色；再用 Touch120 号马克笔加深鞋子暗部的颜色，最后用高光笔画出高光，如图 6-20 所示。

6.1.3 男士针织衫

男士针织衫与女士针织衫的区别在于款式的设计上，针织衫的成分以及舒适度和透气性都是一样的。
男士针织衫的技法表现如下。

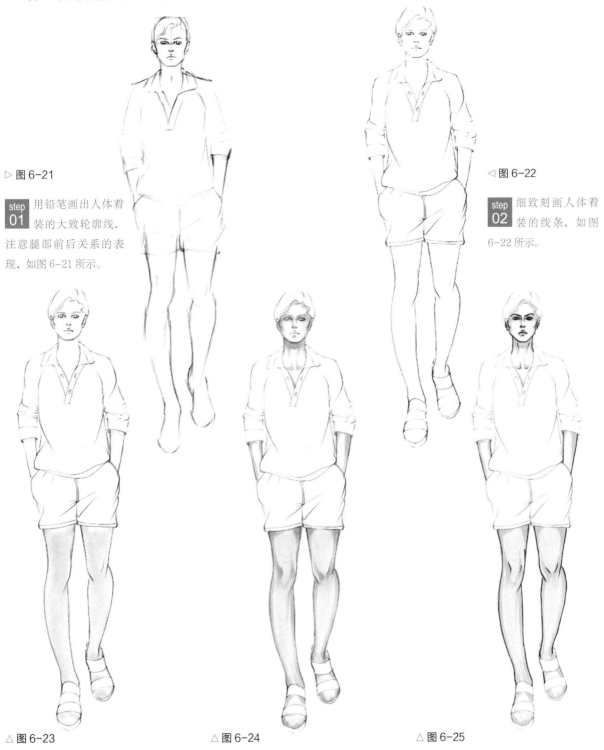

▷图 6-21

step 01 用铅笔画出人体着装的大致轮廓线，注意腿部前后关系的表现，如图 6-21 所示。

◁图 6-22

step 02 细致刻画人体着装的线条，如图 6-22 所示。

△图 6-23

step 03 用 Touch28 号马克笔平铺皮肤的底色，如图 6-23 所示。

△图 6-24

step 04 用 Touch25 号马克笔加深皮肤暗部的颜色，注意对面部阴影的处理，如图 6-24 所示。

△图 6-25

step 05 用 Touch120 号和 Touch139 号马克笔画出五官的颜色，用黑色勾线笔画出人体的轮廓线，如图 6-25 所示。

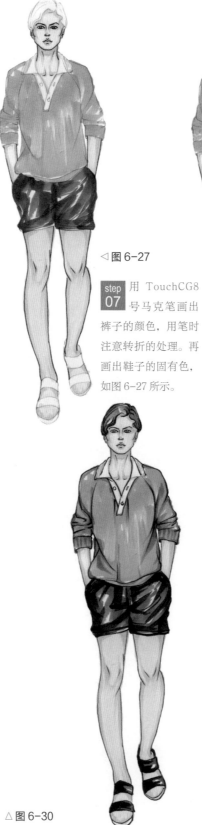

◁图 6-26

step 06 用 TouchCG3 号马克笔画出上衣的固有色，如图 6-26 所示。

◁图 6-27

step 07 用 TouchCG8 号马克笔画出裤子的颜色，用笔时注意转折的处理。再画出鞋子的固有色，如图 6-27 所示。

△图 6-28

step 08 用 Touch102 号马克笔平铺头发的固有色，亮部直接留白，如图 6-28 所示。

△图 6-29

step 09 用 Touch104 号马克笔加深头发暗部的颜色，再用高光笔画出亮部，如图 6-29 所示。

△图 6-30

step 10 用 TouchCG6 号 和 Touch120 号马克笔加深衣服与鞋子暗部的颜色，如图 6-30 所示。

△图 6-31

step 11 用高光笔画出衣服和鞋子的亮部，如图 6-31 所示。

6.1.4 男士马甲

马甲是一种没有袖子的上衣，一般属于西式服装里的一种，样式短小，可在里面搭配衬衣。
男士马甲的技法表现如下。

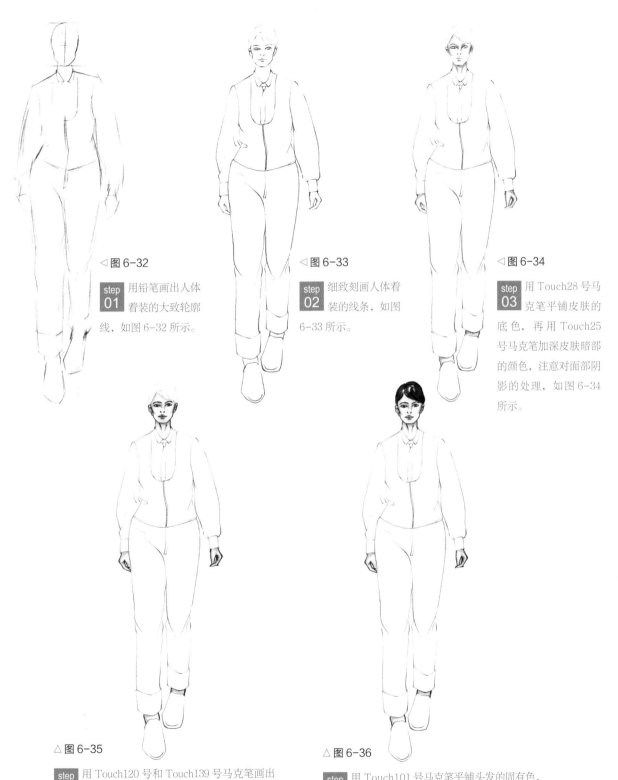

◁ 图 6-32

step 01 用铅笔画出人体着装的大致轮廓线，如图 6-32 所示。

◁ 图 6-33

step 02 细致刻画人体着装的线条，如图 6-33 所示。

◁ 图 6-34

step 03 用 Touch28 号马克笔平铺皮肤的底色，再用 Touch25 号马克笔加深皮肤暗部的颜色，注意对面部阴影的处理，如图 6-34 所示。

△ 图 6-35

step 04 用 Touch120 号和 Touch139 号马克笔画出五官的颜色，再用黑色马克笔画出人体的外轮廓线，如图 6-35 所示。

△ 图 6-36

step 05 用 Touch101 号马克笔平铺头发的固有色，再画出头发的轮廓线，如图 6-36 所示。

△ 图 6-37

step 06 用 Touch102 号马克笔加深头发暗部的颜色，再画出头发的发丝，最后画出高光，如图 6-37 所示。

△ 图 6-38

step 07 用黑色马克笔画出服装的轮廓线，注意虚实变化，如图 6-38 所示。

△ 图 6-39

step 08 用 Touch76 号和 Touch10 号马克笔画出内搭衬衣和领带的固有色，如图 6-39 所示。

△ 图 6-40

step 09 用 TouchWG3 号马克笔画出马甲和裤子的固有色，亮部可以直接留白，如图 6-40 所示。

△ 图 6-41

step 10 用 TouchCG5 号马克笔画出鞋子的颜色，注意要将鞋子分为 3 个面来处理，如图 6-41 所示。

△ 图 6-42

step 11 用 TouchWG6 号和 Touch120 号马克笔加深服装和鞋子暗部的颜色，再用高光笔画出高光，如图 6-42 所示。

6.2　裤装

裤装是以裤子为主体的服装，是裤子的总称。

6.2.1　男士休闲裤

与西裤相比，男士休闲裤在面料、版型方面要更随意和舒适，颜色也更加丰富多彩。
男士休闲裤的技法表现如下。

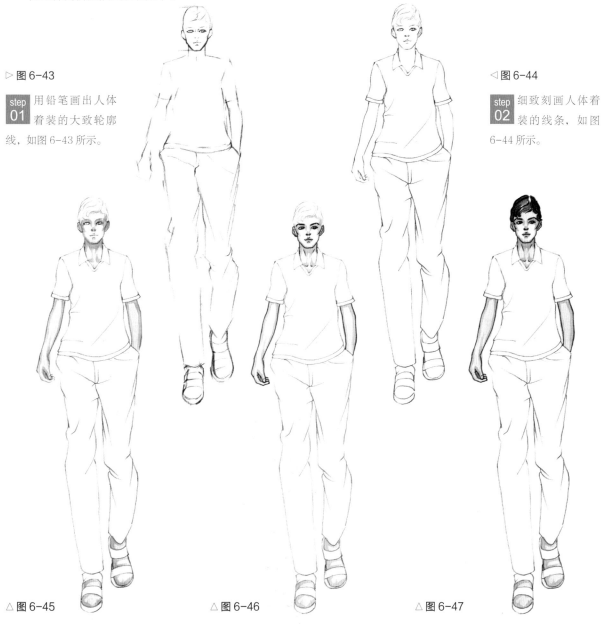

▷图6-43

step 01　用铅笔画出人体着装的大致轮廓线，如图6-43所示。

◁图6-44

step 02　细致刻画人体着装的线条，如图6-44所示。

△图6-45

step 03　用Touch28号马克笔平铺皮肤的底色，再用Touch25号马克笔加深皮肤暗部的颜色，注意对面部阴影的处理，如图6-45所示。

△图6-46

step 04　用Touch120号和Touch139号马克笔画出五官的颜色，再用黑色勾线笔画出人体的外轮廓，如图6-46所示。

△图6-47

step 05　用Touch101号马克笔平铺头发的固有色，再画出头发的轮廓线，如图6-47所示。

△ 图 6-48

step 06 用 Touch102 号马克笔加深头发暗部的颜色，再画出高光，最后用黑色勾线笔画出衣服的轮廓线，如图 6-48 所示。

△ 图 6-49

step 07 用 Touch71 号马克笔画出上衣的颜色，如图 6-49 所示。

△ 图 6-50

step 08 用 TouchCG8 号马克笔画出裤子和鞋子的固有色，如图 6-50 所示。

△ 图 6-51

step 09 用 Touch69 号马克笔加深上衣暗部的颜色，如图 6-51 所示。

△ 图 6-52

step 10 用 Touch120 号马克笔加深裤子和鞋子暗部的颜色，注意裤子褶皱处的处理，如图 6-52 所示。

△ 图 6-53

step 11 用高光笔画出衣服和鞋子的高光，如图 6-53 所示。

6.2.2　男士牛仔裤

牛仔裤又称为坚固呢裤，通常由斜纹布或斜纹粗棉布制成，通常是工作或者运动时穿的裤子。男士牛仔裤与女士牛仔裤只在款式设计上有些许的差别。

男士牛仔裤的技法表现如下。

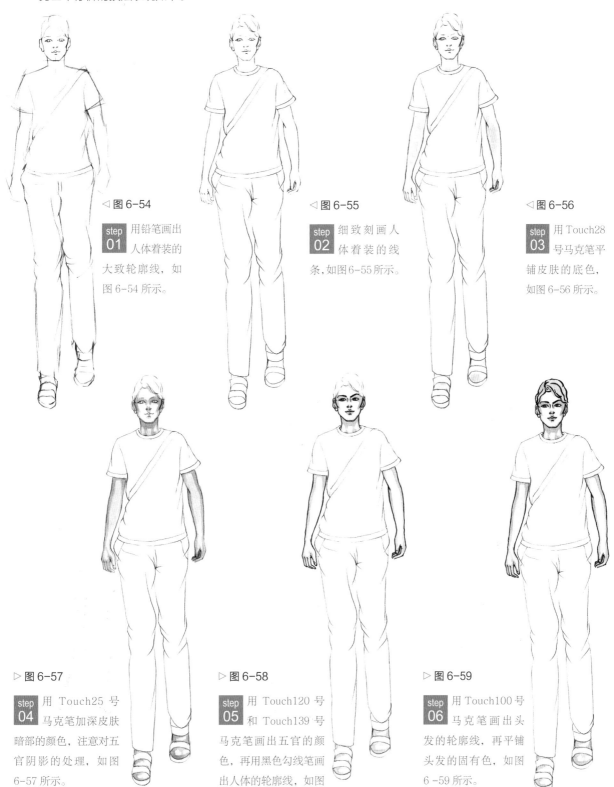

◁ 图 6-54

step 01 用铅笔画出人体着装的大致轮廓线，如图 6-54 所示。

◁ 图 6-55

step 02 细致刻画人体着装的线条，如图 6-55 所示。

◁ 图 6-56

step 03 用 Touch28 号马克笔平铺皮肤的底色，如图 6-56 所示。

▷ 图 6-57

step 04 用 Touch25 号马克笔加深皮肤暗部的颜色，注意对五官阴影的处理，如图 6-57 所示。

▷ 图 6-58

step 05 用 Touch120 号和 Touch139 号马克笔画出五官的颜色，再用黑色勾线笔画出人体的轮廓线，如图 6-58 所示。

▷ 图 6-59

step 06 用 Touch100 号马克笔画出头发的轮廓线，再平铺头发的固有色，如图 6-59 所示。

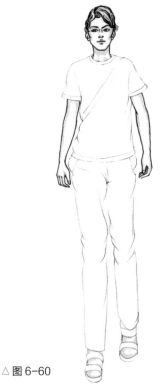

△ 图 6-60

step 07 用 Touch102 号马克笔加深头发暗部的颜色，再画出高光，如图 6-60 所示。

△ 图 6-61

step 08 用黑色马克笔画出衣服的轮廓线，注意衣服褶皱的表现，如图 6-61 所示。

△ 图 6-62

step 09 用 TouchCG1 号和 TouchCG8 号马克笔画出上衣的颜色并注意对细节处颜色的处理，如图 6-62 所示。

△ 图 6-63

step 10 用 Touch76 号和 TouchCG9 号马克笔画出裤子和鞋子的颜色，如图 6-63 所示。

△ 图 6-64

step 11 用 Touch71 号和 Touch120 号马克笔加深衣服暗部的颜色，注意表现出牛仔裤的质感，如图 6-64 所示。

△ 图 6-65

step 12 用高光笔画出衣服的高光，如图 6-65 所示。

6.2.3　男士短裤

男士短裤长短不一，部分会长至小腿。男士短裤一般分为休闲裤和运动裤。
男士短裤的技法表现如下。

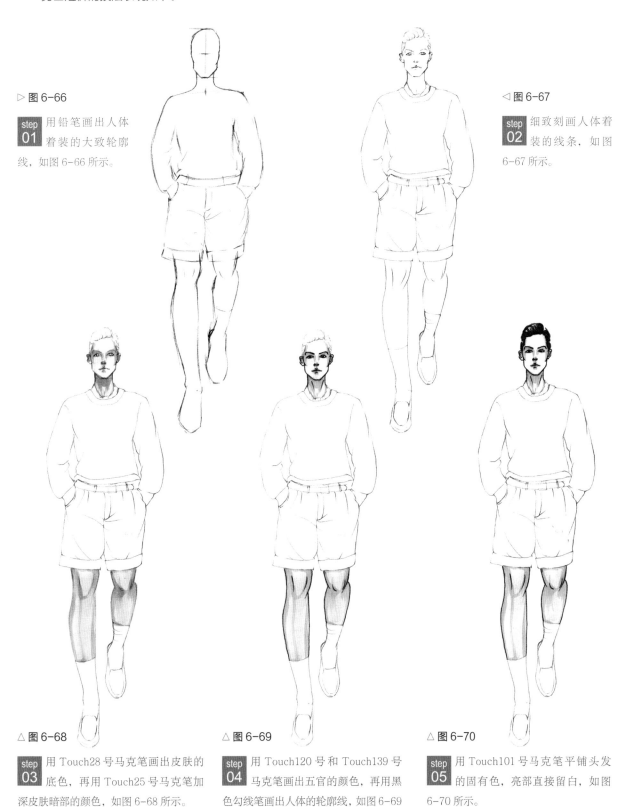

▷ 图 6-66

step 01 用铅笔画出人体着装的大致轮廓线，如图 6-66 所示。

◁ 图 6-67

step 02 细致刻画人体着装的线条，如图 6-67 所示。

△ 图 6-68

step 03 用 Touch28 号马克笔画出皮肤的底色，再用 Touch25 号马克笔加深皮肤暗部的颜色，如图 6-68 所示。

△ 图 6-69

step 04 用 Touch120 号和 Touch139 号马克笔画出五官的颜色，再用黑色勾线笔画出人体的轮廓线，如图 6-69 所示。

△ 图 6-70

step 05 用 Touch101 号马克笔平铺头发的固有色，亮部直接留白，如图 6-70 所示。

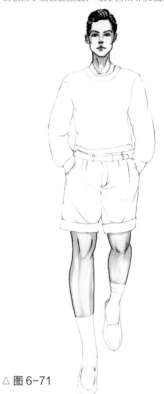

△ 图 6-71

step 06 用 Touch102 号马克笔加深头发暗部的颜色，再画出高光，如图 6-71 所示。

△ 图 6-72

step 07 用黑色马克笔画出衣服的轮廓线，注意裤子褶皱处的表现，如图 6-72 所示。

△ 图 6-73

step 08 用 Touch76 号马克笔画出上衣的固有色，注意细节的处理，如图 6-73 所示。

△ 图 6-74

step 09 用 Touch183 号马克笔画出短裤的颜色，如图 6-74 所示。

△ 图 6-75

step 10 用 TouchCG6 号马克笔画出袜子和鞋子的固有色，如图 6-75 所示。

△ 图 6-76

step 11 用 Touch71 号和 Touch120 号马克笔加深衣服和鞋子的暗部颜色，再用高光笔画出高光，如图 6-76 所示。

6.2.4 男士七分裤

七分裤，顾名思义就是裤长七分，长及膝下的裤子，是比较休闲的服装。
男士七分裤的技法表现如下。

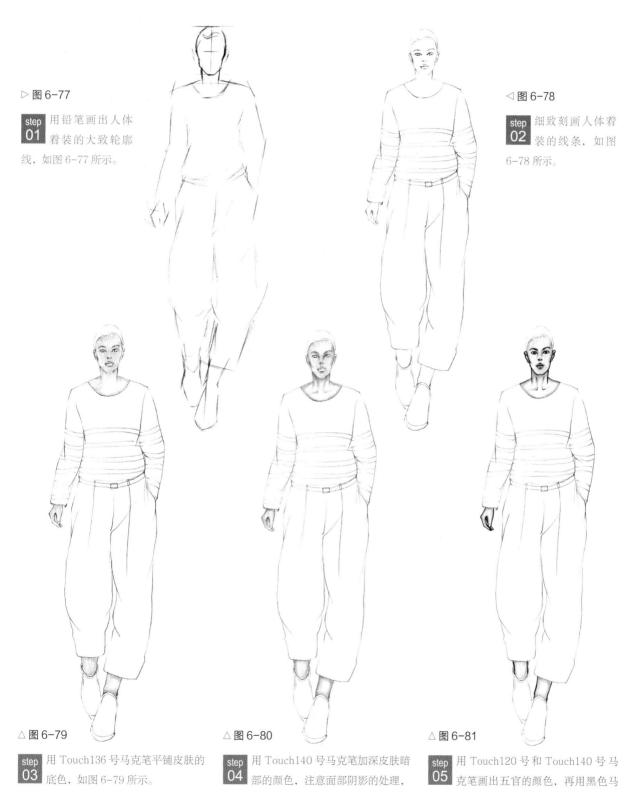

▷图 6-77

step 01 用铅笔画出人体着装的大致轮廓线，如图 6-77 所示。

◁图 6-78

step 02 细致刻画人体着装的线条，如图 6-78 所示。

△图 6-79

step 03 用 Touch136 号马克笔平铺皮肤的底色，如图 6-79 所示。

△图 6-80

step 04 用 Touch140 号马克笔加深皮肤暗部的颜色，注意面部阴影的处理，如图 6-80 所示。

△图 6-81

step 05 用 Touch120 号和 Touch140 号马克笔画出五官的颜色，再用黑色马克笔画出人体的外轮廓线，如图 6-81 所示。

△ 图 6-82

step 06 用 Touch101 号马克笔画出头发的固有色，再画出头发的轮廓线，如图 6-82 所示。

△ 图 6-83

step 07 用 Touch102 号马克笔加深头发暗部的颜色，再画出发丝，最后画出高光，如图 6-83 所示。

△ 图 6-84

step 08 用黑色马克笔画出衣服的轮廓线，注意虚实变化，如图 6-84 所示。

△ 图 6-85

step 09 用 Touch183 号马克笔画出上衣的固有颜色，如图 6-85 所示。

△ 图 6-86

step 10 用 TouchCG1 号和 TouchCG9 号马克笔画出裤子和鞋子的颜色，亮部可以直接留白，如图 6-86 所示。

△ 图 6-87

step 11 用 TouchCG2 号和 Touch120 号马克笔加深衣服和鞋子暗部的颜色，再画出高光，如图 6-87 所示。

6.3 外套

6.3.1 男士西装

西装，又称为西服，即西式上衣的一种形式。按纽扣左右排数的不同，可分为单排扣西服和双排扣西服。
男士西装的技法表现如下。

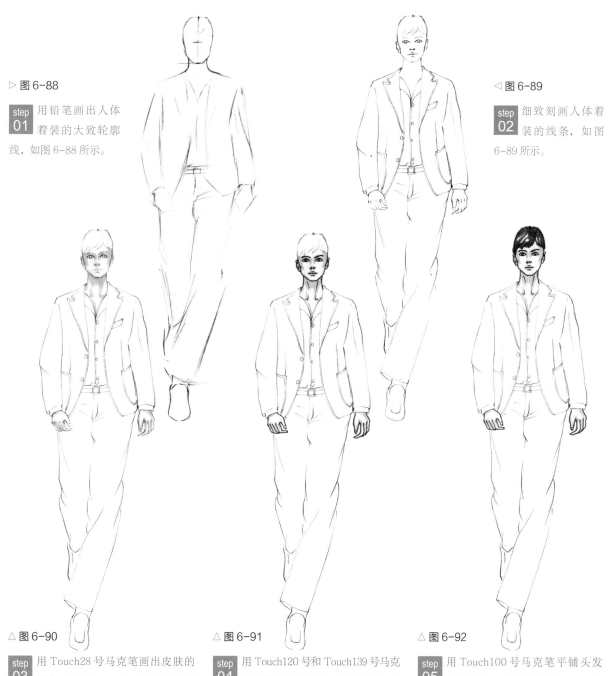

▷ 图 6-88

step 01 用铅笔画出人体着装的大致轮廓线，如图 6-88 所示。

◁ 图 6-89

step 02 细致刻画人体着装的线条，如图 6-89 所示。

△ 图 6-90

step 03 用 Touch28 号马克笔画出皮肤的底色，再用 Touch25 号马克笔加深皮肤暗部的颜色，如图 6-90 所示。

△ 图 6-91

step 04 用 Touch120 号和 Touch139 号马克笔画出五官的颜色，再用黑色勾线笔画出人体的轮廓线，如图 6-91 所示。

△ 图 6-92

step 05 用 Touch100 号马克笔平铺头发的固有色，亮部直接留白，如图 6-92 所示。

△图6-93

用 Touch102 号马克笔加深头发暗部的颜色，再画出高光，如图6-93所示。

△图6-94

用 Touch76 号马克笔画出内搭衣服的颜色，如图6-94所示。

△图6-95

用 Touch31 号马克笔平铺西服套装的固有色，如图6-95所示。

△图6-96

用 TouchCG6 号马克笔画出鞋子的固有色，亮部留白，如图6-96所示。

△图6-97

画出衣服的轮廓线，如图6-97所示。

△图6-98

用 Touch41 号和 Touch120 号马克笔加深衣服褶皱处的颜色和鞋子暗部的颜色，再用高光笔画出衣服和鞋子的高光，如图6-98所示。

6.3.2 男士夹克

夹克，是一种短上衣，翻领、对襟，多用暗扣或纽扣，便于工作和活动。

男士夹克的技法表现如下。

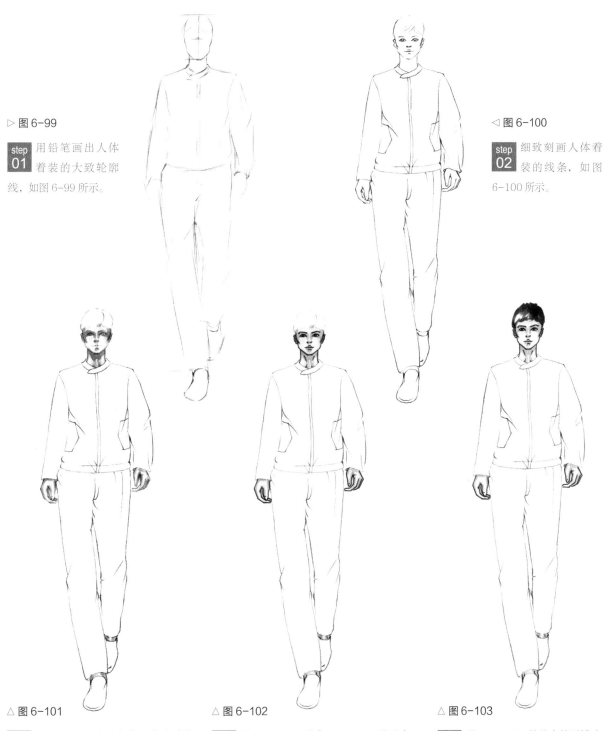

▷ 图 6-99

step 01 用铅笔画出人体着装的大致轮廓线，如图 6-99 所示。

◁ 图 6-100

step 02 细致刻画人体着装的线条，如图 6-100 所示。

△ 图 6-101

step 03 用 Touch28 号马克笔画出皮肤的底色，再用 Touch25 号马克笔加深皮肤暗部的颜色，如图 6-101 所示。

△ 图 6-102

step 04 用 Touch120 号和 Touch139 号马克笔画出五官的颜色，再用黑色勾线笔画出人体的轮廓线，如图 6-102 所示。

△ 图 6-103

step 05 用 Touch100 号马克笔平铺头发的固有色，亮部直接留白，如图 6-103 所示。

△图 6-104

step 06 用 Touch102 号马克笔加深头发暗部的颜色，再画出高光，如图 6-104 所示。

△图 6-105

step 07 用黑色马克笔画出衣服的轮廓线，如图 6-105 所示。

△图 6-106

step 08 用 Touch41 号马克笔平铺夹克的固有色，如图 6-106 所示。

△图 6-107

step 09 用 TouchCG5 号和 TouchCG9 号马克笔画出裤子和鞋子的颜色，如图 6-107 所示。

△图 6-108

step 10 用 Touch42 号和 TouchCG7 号马克笔加深衣服暗部的颜色，注意褶皱处颜色的处理，如图 6-108 所示。

△图 6-109

step 11 用高光笔画出衣服和鞋子的高光，如图 6-109 所示。

6.3.3 男士风衣

风衣是一种薄款大衣，适合四季穿着。
男士风衣的技法表现如下。

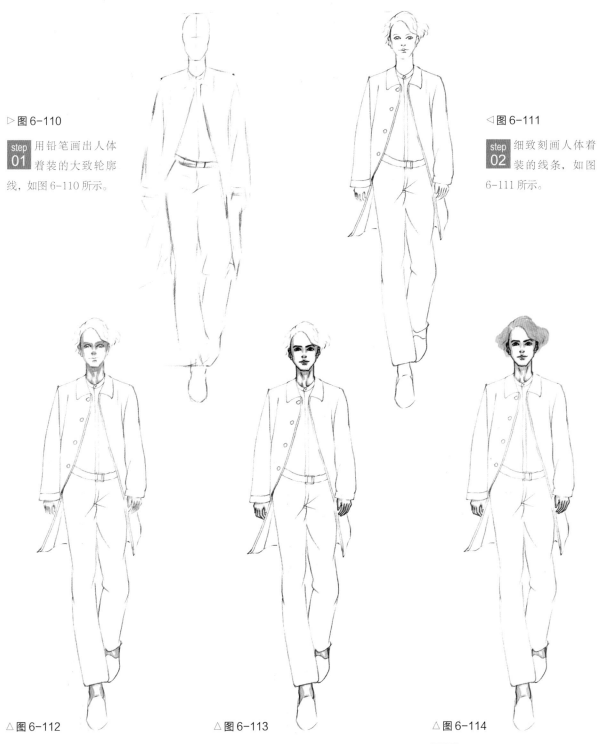

▷图 6-110

step 01 用铅笔画出人体着装的大致轮廓线，如图 6-110 所示。

◁图 6-111

step 02 细致刻画人体着装的线条，如图 6-111 所示。

△图 6-112

step 03 用 Touch28 号马克笔画出皮肤的底色，再用 Touch25 号马克笔加深皮肤暗部的颜色，如图 6-112 所示。

△图 6-113

step 04 用 Touch120 号和 Touch139 号马克笔画出五官的颜色，再用黑色勾线笔画出人体的轮廓线，如图 6-113 所示。

△图 6-114

step 05 用 Touch100 号马克笔平铺头发的固有色，亮部直接留白，如图 6-114 所示。

△ 图 6-115

step 06 用 Touch101 号马克笔加深头发暗部的颜色，再画出头发的发丝，如图 6-115 所示。

△ 图 6-116

step 07 用黑色马克笔画出衣服和鞋子的轮廓线，如图 6-116 所示。

△ 图 6-117

step 08 用 Touch182 号马克笔画出内搭衣服的固有色，如图 6-117 所示。

△ 图 6-118

step 09 用 TouchWG2 号马克笔平铺风衣的固有色，如图 6-118 所示。

△ 图 6-119

step 10 用 TouchCG7 号和 Touch120 号马克笔画出裤子和鞋子的颜色，如图 6-119 所示。

△ 图 6-120

step 11 用 TouchCG9 号马克笔加深衣服和鞋子暗部的颜色，再用高光笔画出高光，如图 6-120 所示。

6.3.4 男士大衣

大衣的款式一般是在腰部横向剪接,腰围合体。男士大衣多为宽腰式,款式主要体现在领、袖、门襟、袋部的变化上。男士大衣的技法表现如下。

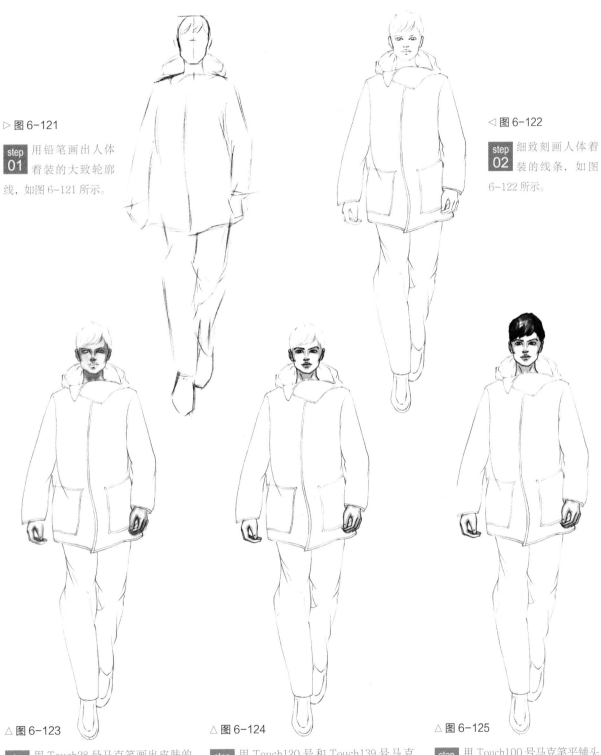

▷ 图 6-121

step 01 用铅笔画出人体着装的大致轮廓线,如图 6-121 所示。

◁ 图 6-122

step 02 细致刻画人体着装的线条,如图 6-122 所示。

△ 图 6-123

step 03 用 Touch28 号马克笔画出皮肤的底色,再用 Touch25 号马克笔加深皮肤暗部的颜色,如图 6-123 所示。

△ 图 6-124

step 04 用 Touch120 号和 Touch139 号马克笔画出五官的颜色,再用黑色勾线笔画出人体的轮廓线,如图 6-124 所示。

△ 图 6-125

step 05 用 Touch100 号马克笔平铺头发的固有色,亮部直接留白,如图 6-125 所示。

△图 6-126

step 06 用 Touch102 号马克笔加深头发暗部的颜色，再画出高光，如图 6-126 所示。

△图 6-127

step 07 用黑色马克笔画出衣服和鞋子的轮廓线，如图 6-127 所示。

△图 6-128

step 08 用 Touch41 号马克笔画出大衣的固有色，如图 6-128 所示。

△图 6-129

step 09 用 TouchWG2 号马克笔画出裤子和鞋子的颜色，如图 6-129 所示。

△图 6-130

step 10 用 TouchWG4 号和 Touch120 号马克笔加深衣服和鞋子暗部的颜色，注意对衣服褶皱处颜色的处理，如图 6-130 所示。

△图 6-131

step 11 用 TouchWG4 号和 Touch120 号马克笔加深衣服和鞋子的颜色，用高光笔画出衣服和鞋子的高光，如图 6-131 所示。

6.3.5　男士牛仔服

牛仔外套主要是用牛仔面料制作而成，其款式和大衣类似，主要体现在口袋处，其外面有牛仔外套特有的车迹线。
男士牛仔服的技法表现如下。

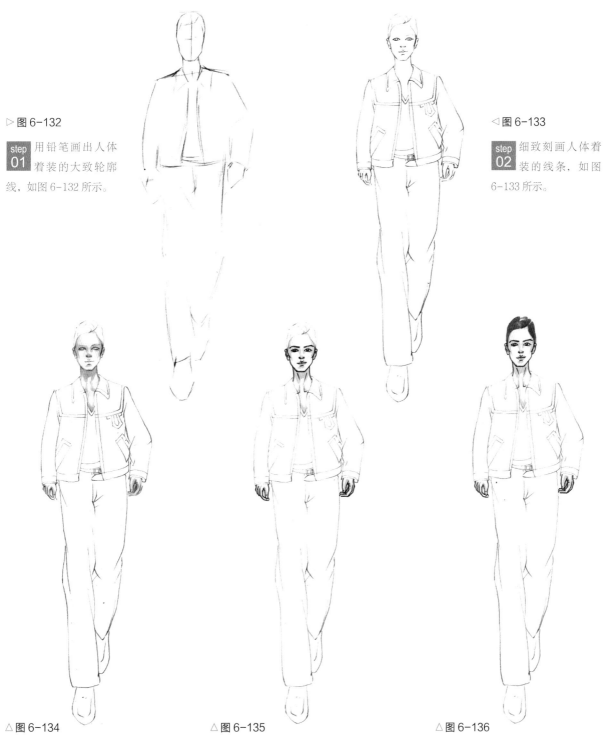

▷图 6-132

step 01 用铅笔画出人体着装的大致轮廓线，如图 6-132 所示。

◁图 6-133

step 02 细致刻画人体着装的线条，如图 6-133 所示。

△图 6-134

step 03 用 Touch28 号马克笔画出皮肤的底色，再用 Touch25 号马克笔加深皮肤暗部的颜色，如图 6-134 所示。

△图 6-135

step 04 用 Touch120 号和 Touch139 号马克笔画出五官的颜色，再用黑色勾线笔画出人体的轮廓线，如图 6-135 所示。

△图 6-136

step 05 用 Touch100 号马克笔平铺头发的固有色，亮部直接留白，如图 6-136 所示。

△ 图 6-137

step 06 用 Touch102 号马克笔加深头发暗部的颜色，再画出高光，如图 6-137 所示。

△ 图 6-138

step 07 用黑色马克笔画出衣服和鞋子的轮廓线，如图 6-138 所示。

△ 图 6-139

step 08 用 Touch102 号马克笔画出内搭衣服的固有色，如图 6-139 所示。

△ 图 6-140

step 09 用 Touch76 号马克笔平铺牛仔套装的固有色，如图 6-140 所示。

△ 图 6-141

step 10 用 TouchCG9 号马克笔画出鞋子的颜色，如图 6-141 所示。

△ 图 6-142

step 11 用 Touch71 号和 Touch120 号马克笔加深衣服和鞋子暗部的颜色，再画出衣服的内部细节，最后用高光笔画出高光，如图 6-142 所示。

6.3.6　男士皮衣

皮衣是将动物皮经过特定工艺加工而成的衣服，现在多用仿皮革制作。
男士皮衣的技法表现如下。

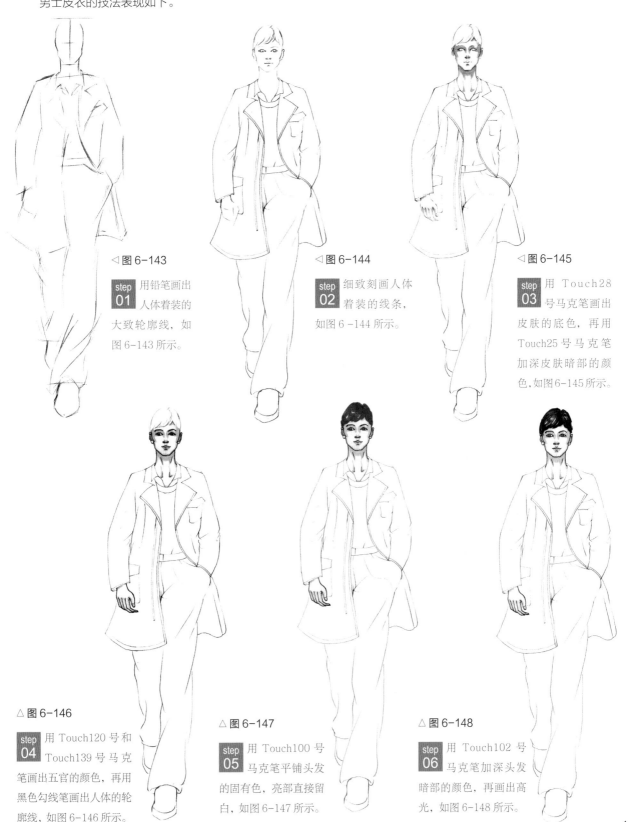

◁图 6-143

step 01 用铅笔画出人体着装的大致轮廓线，如图 6-143 所示。

◁图 6-144

step 02 细致刻画人体着装的线条，如图 6-144 所示。

◁图 6-145

step 03 用 Touch28号马克笔画出皮肤的底色，再用 Touch25号马克笔加深皮肤暗部的颜色，如图 6-145 所示。

△图 6-146

step 04 用 Touch120 号和 Touch139 号马克笔画出五官的颜色，再用黑色勾线笔画出人体的轮廓线，如图 6-146 所示。

△图 6-147

step 05 用 Touch100 号马克笔平铺头发的固有色，亮部直接留白，如图 6-147 所示。

△图 6-148

step 06 用 Touch102 号马克笔加深头发暗部的颜色，再画出高光，如图 6-148 所示。

△ 图 6-149

step 07 用黑色马克笔画出衣服和鞋子的轮廓线，如图 6-149 所示。

△ 图 6-150

step 08 用 Touch41 号和 Touch50 号马克笔画出内搭衣服的固有色，如图 6-150 所示。

△ 图 6-151

step 09 用 Touch91 号马克笔画出皮肤的固有色，用笔时注意对褶皱的处理，亮部直接留白，如图 6-151 所示。

△ 图 6-152

step 10 用 TouchCG5 号和 TouchCG1 号马克笔画出裤子和鞋子的底色，如图 6-152 所示。

△ 图 6-153

step 11 用 Touch98 号和 TouchCG8 号马克笔加深衣服和鞋子暗部的颜色，如图 6-153 所示。

△ 图 6-154

step 12 画出衣服和鞋子的细节，再用高光笔画出高光，如图 6-154 所示。

第7章
手绘四季服装效果图
——色彩的运用

时装画的表现对象主要是时装，本章通过不同的季节来表现各类服装款式，每一个季节都有它本身所特有的色彩情感和色彩气氛，服饰在这样的环境中才能体现四季的独特风格。

7.1 春夏时装色彩表现

春季，大自然的色彩走向温和，明快艳丽的色彩更适宜时装的体现；夏季，服装色彩以宁静的冷色和明艳的浅色为主。

7.1.1 甜美色系服装

甜美色系的服装颜色鲜明又不俗气，比较鲜艳、活泼，这种颜色的服装适合活泼、可爱的人群穿着。甜美色系服装的技法表现如下。

△ 图 7-1

△ 图 7-2

△ 图 7-3

△ 图 7-4

step 01 用铅笔大致画出人体着装的轮廓线，注意前后腿的处理，如图 7-1 所示。

step 02 细致刻画人体着装的线条，画出衣服的细节部分，如图 7-2 所示。

step 03 用 Touch27 号马克笔平铺皮肤的底色，如图 7-3 所示。

step 04 用 Touch25 号马克笔加深皮肤暗部的颜色，注意面部五官的阴影位置，如图 7-4 所示。

△ 图 7-5

△ 图 7-6

△ 图 7-7

△ 图 7-8

step 05 用 Touch120 号和 Touch11 号马克笔画出五官的颜色，再用黑色勾线笔画出人体的轮廓线，如图 7-5 所示。

step 06 用 Touch76 号和 Touch33 号马克笔画出头巾的固有色，如图 7-6 所示。

step 07 用黑色马克笔画出衣服、包包，以及鞋子的轮廓线，如图 7-7 所示。

step 08 用 Touch11 号、Touch33 号、TouchCG2 号和 Touch120 号马克笔画出衣服上图案的颜色，如图 7-8 所示。

◁ 图 7-9

step 09 用 Touch36 号马克笔画出衣服的固有色，如图7-9所示。

◁ 图 7-10

step 10 用 TouchCG9 号马克笔画出鞋子和包包的颜色，亮部直接留白，如图7-10所示。

◁ 图 7-11

step 11 用 Touch31 号马克笔加深衣服暗部的颜色，注意对衣服细节的刻画。再用Touch120号马克笔画出鞋子和包包暗部的颜色，最后用高光笔画出高光，如图7-11所示。

7.1.2　热情色系服装

热情色系服装的颜色以其鲜亮的色彩突显出设计的精妙，表现绚丽可人的个性化特征，这种颜色的服装适合热情开朗的人群穿着。

热情色系服装的技法表现如下。

△ 图 7-12

step 01 用铅笔画出人体着装的大致轮廓线，如图7-12所示。

△ 图 7-13

step 02 细致刻画人体着装的线条，注意褶皱的绘制，如图7-13所示。

△ 图 7-14

step 03 用 Touch25 号马克笔平铺皮肤的底色，再用Touch139号马克笔加深皮肤暗部的颜色，如图7-14所示。

△ 图 7-15

step 04 用Touch120号和Touch11号马克笔画出五官的颜色，再用黑色勾线笔画出人体的轮廓线，如图7-15所示。

△ 图 7-16　　　　△ 图 7-17　　　　△ 图 7-18　　　　△ 图 7-19　　　　△ 图 7-20

step 05 用 Touch100 号马克笔平铺头发的固有色，亮部直接留白，如图 7-16 所示。	**step 06** 用 Touch102 号马克笔加深头发暗部的颜色，再画出头发的轮廓线，注意对发丝的处理，如图 7-17 所示。	**step 07** 用黑色马克笔画出衣服和鞋子的轮廓线，注意衣服褶皱的虚实表现，如图 7-18 所示。	**step 08** 用 Touch11 号马克笔画出衣服和鞋子的固有色，亮部直接留白，注意笔触的表现，如图 7-19 所示。	**step 09** 用 Touch10 号马克笔加深衣服暗部褶皱的颜色，再画出鞋子暗部的颜色，如图 7-20 所示。

7.1.3　干练色系服装

干练色系服装的颜色纯度较高、对比色较强烈，这种颜色的服装适合稳重、中性的人群穿着。干练色系服装的技法表现如下。

◁ 图 7-21　　　　　　　　◁ 图 7-22　　　　　　　　◁ 图 7-23

step 01 用铅笔画出人体着装的大致轮廓线，如图 7-21 所示。	**step 02** 细致刻画人体着装的线条，注意腿部与裤子之间的线条，如图 7-22 所示。	**step 03** 用 Touch25 号马克笔平铺皮肤的底色，再用 Touch139 号马克笔加深皮肤暗部的颜色，如图 7-23 所示。

△ 图 7-24

step 04 用 Touch120 号和 Touch 11 号马克笔画出五官的颜色，再用黑色勾线笔画出人体的轮廓线，如图 7-24 所示。

△ 图 7-25

step 05 用 Touch102 号马克笔平铺头发的固有色，亮部直接留白，如图 7-25 所示。

△ 图 7-26

step 06 用 Touch95 号马克笔加深头发暗部的颜色，再画出头发的轮廓线，如图 7-26 所示。

△ 图 7-27

step 07 用黑色马克笔画出衣服和鞋子的轮廓线，如图 7-27 所示。

△ 图 7-28

step 08 用 TouchCG1 号马克笔画出内搭衣服的颜色，亮部直接留白，如图 7-28 所示。

△ 图 7-29

step 09 用 Touch71 号马克笔画出上衣的固有色，细节图案直接留白，如图 7-29 所示。

△ 图 7-30

step 10 用 Touch101 号和 Touch CG8 号马克笔画出裤子与鞋子的颜色，亮部直接留白，如图 7-30 所示。

△ 图 7-31

step 11 用 Touch91 号和 Touch 120 号马克笔加深衣服和鞋子暗部的颜色，再画出衣服细节图案的颜色，如图 7-31 所示。

7.1.4 清新色系服装

清新色系服装的颜色给人清爽的感觉，色彩表现比较柔和，这种颜色的服装适合年轻、开朗的人群穿着。
清新色系服装的技法表现如下。

△ 图 7-32

step 01 用铅笔画出人体着装的大致轮廓线，如图7-32 所示。

△ 图 7-33

step 02 细致刻画人体着装的线条，再画出包包与鞋子的线条，如图7-33 所示。

△ 图 7-34

step 03 用 Touch25 号马克笔平铺皮肤的底色，如图 7-34 所示。

△ 图 7-35

step 04 用 Touch139 号马克笔加深皮肤暗部的颜色，注意面部暗部的表现，如图7-35 所示。

△ 图 7-36

step 05 用 Touch120 号和 Touch 11 号马克笔画出五官的颜色，再画出人体的轮廓线，如图7-36 所示。

△ 图 7-37

step 06 用 Touch33 号马克笔画出头发的固有色，如图7-37 所示。

△ 图 7-38

step 07 用 Touch101 号马克笔加深头发暗部的颜色，再画出头发的发丝，如图7-38 所示。

△ 图 7-39

step 08 用黑色马克笔画出衣服、包包和鞋子的轮廓线，如图7-39 所示。

◁ 图 7-40

step 09 用 Touch57 号马克笔画出衣服的固有颜色，亮部直接留白，如图 7-40 所示。

◁ 图 7-41

step 10 用 TouchCG1 号和 Touch31 号马克笔画出鞋子和包包的固有颜色，如图 7-41 所示。

◁ 图 7-42

step 11 用 Touch61 号、TouchCG2 号和 Touch41 号马克笔加深衣服、包包，以及鞋子暗部的颜色，如图 7-42 所示。

7.1.5 自然色系服装

自然色系服装的颜色比较简洁和清爽，给人一种舒适、宁静的感觉，这种颜色的衣服适合恬静、纯真的人群穿着。自然色系服装的技法表现如下。

◁ 图 7-43

step 01 用铅笔画出人体着装的大致轮廓线，如图 7-43 所示。

◁ 图 7-44

step 02 细致刻画人体着装的线条，注意头发的走向，如图 7-44 所示。

◁ 图 7-45

step 03 用 Touch28 号马克笔平铺皮肤的底色，再用 Touch25 号马克笔加深皮肤暗部的颜色，如图 7-45 所示。

△ 图 7-46

step 04 用 Touch120 号和 Touch 11 号马克笔画出五官的颜色，再用黑色勾线笔画出人体的轮廓线，如图 7-46 所示。

△ 图 7-47

step 05 用 Touch100 号马克笔画出头发的固有颜色，如图 7-47 所示。

△ 图 7-48

step 06 用 Touch102 号马克笔加深头发暗部的颜色，注意对发丝的处理，如图 7-48 所示。

△ 图 7-49

step 07 用黑色马克笔画出衣服和鞋子的轮廓线，如图 7-49 所示。

△ 图 7-50

step 08 用 Touch76 号马克笔画出上衣的固有颜色，如图 7-50 所示。

△ 图 7-51

step 09 用 TouchCG1 号马克笔画出裤子暗部的颜色，亮部直接留白，如图 7-51 所示。

△ 图 7-52

step 10 用 Touch11 号马克笔画出衣服细节的颜色，再用 Touch33 号马克笔画出腰带和鞋子的固有颜色，如图 7-52 所示。

△ 图 7-53

step 11 用 Touch71 号和 Touch 31 号马克笔加深衣服和鞋子暗部的颜色，再画出上衣的细节，如图 7-53 所示。

7.1.6 高贵色系服装

高贵色系服装的颜色给人一种优美、华丽的感觉。这种颜色的衣服适合成熟、明媚的人群穿着。

高贵色系服装的技法表现如下。

△ 图 7-54

step 01 用铅笔画出人体着装的大致轮廓线,如图7-54 所示。

△ 图 7-55

step 02 细致刻画人体着装的线条,如图 7-55 所示。

△ 图 7-56

step 03 用 Touch136 号马克笔平铺皮肤的底色,注意对上衣透明薄纱的表现和处理,如图 7-56 所示。

△ 图 7-57

step 04 用 Touch139 号马克笔加深皮肤暗部的颜色,如图 7-57 所示。

△ 图 7-58

step 05 用 Touch120 号和 Touch11 号马克笔画出五官的颜色,再用黑色马克笔画出人体的外轮廓线,如图 7-58 所示。

△ 图 7-59

step 06 用 Touch33 号马克笔平铺头发的固有色,如图 7-59 所示。

△ 图 7-60

step 07 用 Touch101 号马克笔加深头发的固有色,再画出暗部颜色,最后处理发丝,如图 7-60 所示。

△ 图 7-61

step 08 用黑色马克笔画出服装和鞋子的轮廓线,如图7-61 所示。

◁ 图 7-62

step 09 用 Touch18 号马克笔画出上衣薄纱的颜色，如图 7-62 所示。

◁ 图 7-63

step 10 用 TouchWG2 号和 Touch48 号马克笔画出半裙和鞋子的颜色，如图 7-63 所示。

◁ 图 7-64

step 11 用 Touch7 号、TouchWG5 号和 Touch59 号马克笔加深衣服和鞋子暗部的颜色，再用高光笔画出高光，如图 7-64 所示。

7.2 秋冬时装色彩表现

秋季是成熟的季节，自然界的色彩丰富多变。秋季服装的色彩趋于沉稳、中性和柔和；冬季寒冷，自然界的色彩比较单调，因此既可以用单调的颜色来体现冬天的特点，也可以用强烈的色彩组合来给冬天增加活力。

7.2.1 文雅色系服装

文雅色系服装的颜色比较深邃、朴实，给人一种沉稳的感觉，这种颜色的服装适合成熟的人群穿着。
文雅色系服装的技法表现如下。

◁ 图 7-65

step 01 用铅笔画出人体着装的大致轮廓线，如图 7-65 所示。

◁ 图 7-66

step 02 细致刻画人体着装的线条，注意头巾的处理，如图 7-66 所示。

◁ 图 7-67

step 03 用 Touch28 号马克笔先画出皮肤的底色，用 Touch25 号马克笔加深皮肤暗部的颜色，如图 7-67 所示。

△ 图 7-68

△ 图 7-69

△ 图 7-70

△ 图 7-71

step 04 用 Touch120 号和 Touch 11 号马克笔画出五官的颜色，再用黑色勾线笔画出人体的轮廓线，如图 7-68 所示。

step 05 用 Touch100 号和 Touch 5 号马克笔画出头发和头巾的固有色，如图 7-69 所示。

step 06 用 Touch101 号和 Touch 3 号马克笔加深头发和头巾暗部的颜色，再画出头发以及头巾的轮廓线，如图 7-70 所示。

step 07 用黑色马克笔画出服装、鞋子的轮廓线，如图 7-71 所示。

△ 图 7-72

△ 图 7-73

△ 图 7-74

△ 图 7-75

step 08 用 Touch18 号马克笔画出内搭衣服的固有色，如图 7-72 所示。

step 09 用 TouchWG3 号马克笔画出外套的颜色，如图 7-73 所示。

step 10 用 Touch120 号马克笔画出腰带的固有色，再用 TouchCG1 号马克笔画出裤子暗部的颜色，亮部留白，画出鞋子的固有色，如图 7-74 所示。

step 11 用 TouchWG7 号和 Touch 120 号马克笔加深衣服和鞋子暗部的颜色，再用高光笔画出高光，如图 7-75 所示。

7.2.2 浓郁色系服装

浓郁色系服装的颜色比较单一、简洁，这种颜色的服装适合老练、稳重的人群穿着。
浓郁色系服装的技法表现如下。

△ 图 7-76

step 01 用铅笔画出人体着装的大致轮廓线，如图 7-76 所示。

△ 图 7-77

step 02 细致刻画人体着装的线条，如图 7-77 所示。

△ 图 7-78

step 03 用 Touch28 号马克笔平铺皮肤的底色，如图 7-78 所示。

△ 图 7-79

step 04 用 Touch25 号马克笔加深皮肤暗部的颜色，注意面部暗部的表现，如图 7-79 所示。

△ 图 7-80

step 05 用Touch120号和Touch11 号马克笔画出五官的颜色，再用黑色马克笔画出人体的轮廓线，如图 7-80 所示。

△ 图 7-81

step 06 用 Touch100 号马克笔画出头发的固有色，如图 7-81 所示。

△ 图 7-82

step 07 用 Touch102 号马克笔加深头发暗部的颜色，再画出头发的轮廓线，如图 7-82 所示。

△ 图 7-83

step 08 用黑色马克笔画出衣服和鞋子的轮廓线，如图 7-83 所示。

◁图 7-84

step 09 用 Touch51 号马克笔画出衣服的固有色，受光处直接留白，如图 7-84 所示。

◁图 7-85

step 10 用 TouchCG1 号马克笔画出衣服细节的颜色，再用 Touch120 号马克笔画出鞋子的固有色，如图 7-85 所示。

◁图 7-86

step 11 用 Touch43 号马克笔加深衣服和鞋子暗部的颜色，再用高光笔画出高光,如图 7-86 所示。

7.2.3 温和色系服装

温和色系服装的颜色给人一种健康、清爽的感觉，这种颜色的服装适合年轻、开朗的人群穿着。温和色系服装的技法表现如下。

◁图 7-87

step 01 用铅笔画出人体着装的大致轮廓线，如图 7-87 所示。

◁图 7-88

step 02 细致刻画人体着装的线条，如图 7-88 所示。

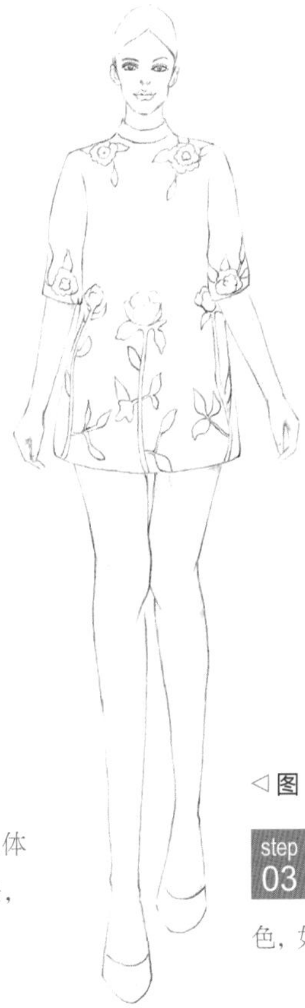

◁图 7-89

step 03 用 Touch28 号马克笔平铺皮肤的底色，如图 7-89 所示。

157

△图7-90

step 04 用 Touch25 号马克笔加深皮肤暗部的颜色，注意面部暗部的表现，如图7-90所示。

△图7-91

step 05 用 Touch120 号和 Touch11 号马克笔画出五官的颜色，再用黑色马克笔画出人体的轮廓线，如图7-91所示。

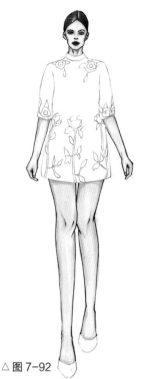

△图7-92

step 06 用 Touch102 号马克笔先画出头发的轮廓线，再画出头发的固有色，如图7-92所示。

△图7-93

step 07 用 Touch99 号马克笔加深头发暗部的颜色，注意头发发丝的处理，如图7-93所示。

△图7-94

step 08 用黑色马克笔画出衣服和鞋子的轮廓线，如图7-94所示。

△图7-95

step 09 用 Touch11 号和 Touch33 号马克笔画出衣服上花朵的颜色，如图7-95所示。

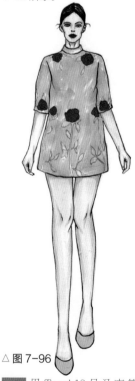

△图7-96

step 10 用 Touch18 号马克笔画出衣服和鞋子的固有色，如图7-96所示。

△图7-97

step 11 用 Touch9 号马克笔加深衣服和鞋子暗部的颜色，注意花朵细节的处理，最后画出高光，如图7-97所示。

7.2.4　古朴色系服装

古朴色系服装的颜色给人一种轻快、朴素和恬静的感觉，这种颜色的服装适合传统、朴实的人群穿着。

古朴色系服装的技法表现如下。

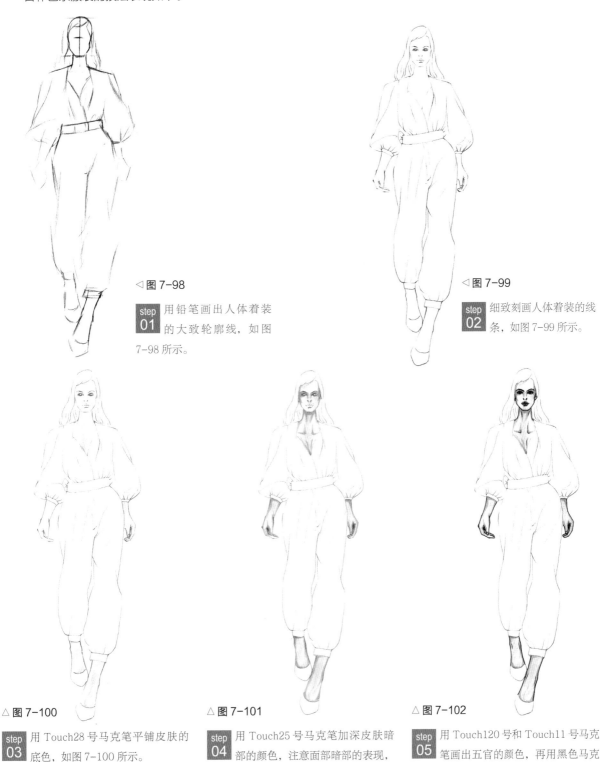

◁ 图 7-98

step 01　用铅笔画出人体着装的大致轮廓线，如图 7-98 所示。

◁ 图 7-99

step 02　细致刻画人体着装的线条，如图 7-99 所示。

△ 图 7-100

step 03　用 Touch28 号马克笔平铺皮肤的底色，如图 7-100 所示。

△ 图 7-101

step 04　用 Touch25 号马克笔加深皮肤暗部的颜色，注意面部暗部的表现，如图 7-101 所示。

△ 图 7-102

step 05　用 Touch120 号和 Touch11 号马克笔画出五官的颜色，再用黑色马克笔画出人体的轮廓线，如图 7-102 所示。

△ 图 7-103

step 06 先画出头发的轮廓线，再用 Touch100 号马克笔画出头发的固有色，如图 7-103 所示。

△ 图 7-104

step 07 用 Touch101 号马克笔加深头发暗部的颜色，注意头发发丝的处理，如图 7-104 所示。

△ 图 7-105

step 08 用黑色马克笔画出衣服和鞋子的轮廓线，如图 7-105 所示。

△ 图 7-106

step 09 用 TouchCG1 号马克笔画出上衣暗部的颜色，亮部直接留白，如图 7-106 所示。

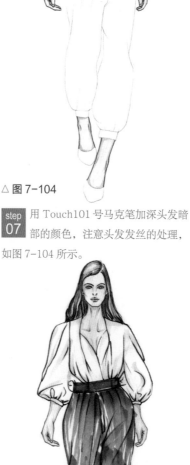

△ 图 7-107

step 10 用 Touch43 号和 TouchCG9 号马克笔画出裤子和鞋子的固有颜色，如图 7-107 所示。

△ 图 7-108

step 11 用 Touch42 号和 Touch120 号马克笔加深衣服和鞋子暗部的颜色，再用高光笔画出高光，如图 7-108 所示。

7.2.5 健康色系服装

健康色系服装的颜色比较明亮、柔和，这种颜色的服装适合开朗、活泼的人群穿着。
健康色系服装的技法表现如下。

◁图 7-109

step 01 用铅笔画出人体着装的大致轮廓线，如图 7-109 所示。

◁图 7-110

step 02 细致刻画人体着装的线条，如图 7-110 所示。

◁图 7-111

step 03 用 Touch28 号马克笔平铺皮肤的底色，如图 7-111 所示。

◁图 7-112

step 04 用 Touch25 号马克笔加深皮肤暗部的颜色，注意面部暗部的表现，如图 7-112 所示。

◁图 7-113

step 05 用 Touch120 号和 Touch11 号马克笔画出五官的颜色，再用黑色马克笔画出人体的轮廓线，如图 7-113 所示。

△ 图 7-114

step 06 用 Touch100 号马克笔画出头发的固有色，如图 7-114 所示。

△ 图 7-115

step 07 用 Touch102 号马克笔加深头发暗部的颜色，再画出头发的轮廓线，如图 7-115 所示。

△ 图 7-116

step 08 用黑色马克笔画出衣服和鞋子的轮廓线，如图 7-116 所示。

△ 图 7-117

step 09 用 Touch76 号马克笔画出牛仔服的固有颜色，如图 7-117 所示。

△ 图 7-118

step 10 用 Touch15 号和 TouchCG9 号马克笔画出裙子和鞋子的颜色，注意褶皱裙的用笔方法，如图 7-118 所示。

△ 图 7-119

step 11 用 Touch9 号和 Touch120 号马克笔加深衣服和鞋子暗部的颜色，再用高光笔画出高光，如图 7-119 所示。

7.2.6　温暖色系服装

温暖色系服装的颜色明度较高，给人一种炽热、温暖的感觉，这种颜色的服装适合平静、开朗的人群穿着。温暖色系服装的技法表现如下。

△ 图 7-120

step 01 用铅笔画出人体着装的大致轮廓线，如图 7-120 所示。

△ 图 7-121

step 02 细致刻画人体着装的线条，注意腿部与裙子的关系，如图 7-121 所示。

△ 图 7-122

step 03 用 Touch28 号马克笔平铺皮肤的底色，再用 Touch25 号马克笔加深皮肤暗部的颜色，如图 7-122 所示。

△ 图 7-123

step 04 用 Touch120 号和 Touch11 号马克笔画出五官的颜色，再用黑色勾线笔画出人体的轮廓线，如图 7-123 所示。

△ 图 7-124

step 05 用 Touch100 号马克笔画出头发的固有色，如图 7-124 所示。

△ 图 7-125

step 06 用 Touch102 号马克笔加深头发的暗部颜色，再画出头发的高光，如图 7-125 所示。

△ 图 7-126

step 07 用黑色马克笔画出衣服与鞋子的轮廓线，如图 7-126 所示。

△ 图 7-127

step 08 用 TouchCG3 号马克笔画出毛衣的固有色，如图 7-127 所示。

△ 图 7-128

step 09 用 Touch142 号马克笔画出拼接裙子的颜色，如图 7-128 所示。

△ 图 7-129

step 10 用 TouchCG9 号马克笔画出腰带和鞋子的固有色，鞋子的亮部直接留白，如图 7-129 所示。

△ 图 7-130

step 11 用 Touch33 号和 Touch120 号马克笔加深衣服、鞋子，以及腰带暗部的颜色，如图 7-130 所示。

△ 图 7-131

step 12 画出毛衣的细节部分，再画出毛衣、腰带，以及鞋子的高光，如图 7-131 所示。